Brigitte Röde

Gärten gestalten easy!

Brigitte Röde

Gärten gestalten easy!

Die 7 Schritte zum Erfolg

blv

Inhalt

Die Grundlagen

> 1. Schritt

Der eigene Garten: Raum für unbegrenzte Möglichkeiten

Das Planen und Gestalten von Gärten ist eine sehr abwechslungsreiche, kreative und reizvolle Tätigkeit. Kein Grundstück ist wie ein anderes, aber jedes Grundstück, jede Gartensituation besitzt ihren ganz eigenen Reiz und ihre eigenen Möglichkeiten. Egal, ob der Garten in einem Neubaugebiet liegt oder ob er mittlerweile eher schattig und eingewachsen ist, ob er eben ist oder sich in einer Hanglage befindet – aus allen Situationen kann man mit Ideen und Einsatzfreude einen attraktiven und abwechslungsreichen Garten entwickeln.

Aber auch jeder Gartenbesitzer hat seine eigenen Wünsche und stellt ganz individuelle Anforderungen an seinen Garten. Während der eine Entspannung bei der Gartenarbeit findet und die körperliche Betätigung als Ausgleich zur täglichen Bewegungslosigkeit im Büroalltag begreift, wünscht sich der andere nur süßes Nichtstun und einen paradiesähnlichen Freiraum, wo endlich einmal Zeit zum Lesen bleibt. Für wieder andere ist der Garten der Treffpunkt für die ganze Familie: jener Raum, in dem sich jeder ungezwungen bewegen kann, wo gespielt und gefeiert wird oder wo man bis spät in die Nacht lange Gespräche mit Freunden führt. Außerdem bietet der Garten nach wie vor Platz zum Anbau und zur Ernte von Kräutern, Obst und Gemüse. Der Pflaumenkuchen, gebacken aus den Früchten des Baumes, den schon der Großvater pflanzte, oder die Tagliatelle mit Salbei-Soße, deren Kräuter gerade frisch im Garten geerntet wurden, sind etwas ganz Besonderes geworden.

Einen Garten zu haben bedeutet für jeden etwas anderes, und jeder sucht nach seiner für ihn optimalen Lösung. Aber wie findet man zum Garten, der zu einem passt? Wie wird aus der Grünfläche vor oder hinter dem Haus der Garten, in dem man sich wohl fühlt und von dem man immer geträumt hat?

Im nachfolgenden Kapitel geht es um die Grundlagen, die das Fundament jeder individuellen Gartenplanung bilden. Je gewissenhafter und umfangreicher man die Grundlagenermittlung bzw. Bestandsaufnahme durchgeführt hat, desto größer ist die Chance, bei der Planung des Gartens alle wichtigen Bestandteile zu bedenken und allen Anforderungen gerecht zu werden.

Die Zeit, die hierfür investiert wird, zahlt sich aus. Denn ein gut durchdachter Gartenplan erspart später eventuelle umfangreiche Änderungen. Der Garten kann sich – einmal angelegt – in Ruhe zu seiner vollen Schönheit entfalten. Häufige Änderungen oder Umbauten, die oft nicht nur viel Zeit, sondern auch Geld kosten, erübrigen sich. Dagegen ist die Freude an einem Garten groß, der sich von Jahr zu Jahr weiter zu voller Schönheit entwickelt.

Links: **Hier lässt sich der Sommer genießen. Die Stauden blühen den ganzen Sommer über, die Hecke sorgt für Ruhe und Geborgenheit.**

Bestandsaufnahme:
Das Grundstück

Am Beginn jeder Gartenplanung steht die Bestandsaufnahme. Hierbei sind viele unterschiedliche Punkte wie die Grundstücksform und -größe, die Höhenunterschiede, die Standortfaktoren Licht, Wasser, Boden und Klima sowie die Vorgaben aus Gebäudearchitektur, Siedlungsstruktur und Innenraumgestaltung miteinander zu verbinden. Sie werden im Bestandsplan zusammengetragen.

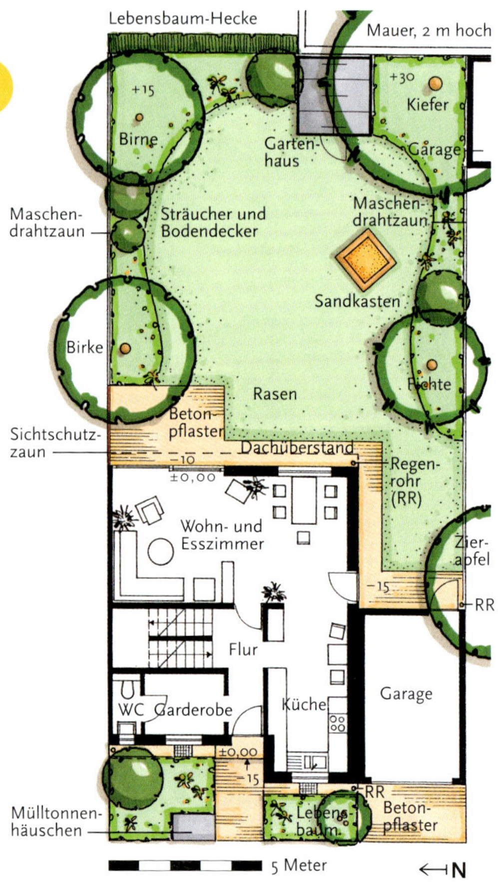

Größe und Form des Grundstücks bilden Fläche und Rahmen für die Planung des Gartens. Oft ist vor Ort nicht eindeutig ablesbar, wo die Grenzen des Gartens verlaufen. Das Eintragen der genauen Grundstücksgrenzen ist jedoch sehr wichtig, damit sich der Gartenplan später problemlos umsetzen lässt. Am einfachsten und zuverlässigsten ist es, diese aus dem amtlichen Lageplan zu übertragen, der in aller Regel Bestandteil des Kaufvertrages ist. Liegt kein Lageplan vor, wird der Garten vermessen. In diesen Gartengrundriss werden nun alle vorhandenen Bestandteile des Gartens genau eingetragen. Bei einem Neubaugrundstück sind dies vor allem der Verlauf der Fassade und die Lage der Fenster und Türen, der Dachüberstand und vielleicht die schon vom Bauunternehmer gegossene Betonplatte der Terrasse.

Der Bestandsplan zeigt die Ist-Situation:
Die vorhandene Terrasse, bestehende Bäume, das alte Gartenhaus und der nicht mehr benötigte Sandkasten werden eingetragen. Darüber hinaus werden die Geländehöhen vermerkt.

Bei älteren Gärten kommen noch eine ganze Reihe weiterer Gegebenheiten hinzu, die in den Bestandsplan aufgenommen werden müssen, etwa:

- das alte Gartenhaus, das entweder an Ort und Stelle erhalten werden soll oder vielleicht umgesetzt werden kann
- vorhandene Bäume und Sträucher
- die Mauer zum Nachbarn oder die Rückseite einer Garagenwand, die zwar Sichtschutz bietet, aber vielleicht nicht besonders attraktiv ist
- der alte Sitzplatz im Garten, der bei der Neuanlage wiederbelebt werden könnte
- das Tor an der hinteren Grundstücksgrenze, das zum angrenzenden Spazierweg führt
- die Schachtabdeckung der unterirdischen Zisterne oder des Öltanks
- die Hecke zur Straße, auch wenn sie schlecht gepflegt und lückig ist
- der Sandkasten und die Schaukel, die später auf jeden Fall wieder in den Garten integriert werden sollen,

kurz gesagt: alles, was man im Garten vorfindet.

Zum Eintragen aller vermessenen Bestandteile empfiehlt sich eine Planunterlage im Maßstab 1 : 100 (1 cm = 1,00 m) oder 1 : 50 (1 cm = 0,50 m).

Neben diesen Einzelelementen auf dem eigenen Grundstück sollten auch alle Elemente auf den Nachbargrundstücken mit in den Plan aufgenommen werden, die Einfluss auf Ihren Garten haben. Hier stehen an erster Stelle die Bäume und Großsträucher des Nachbarn, die den eigenen Garten beschatten. Auch die Lage der Terrasse, des Gartenhäuschens oder des Komposthaufens des Nachbarn ist wichtig.

Die Höhensituation des Grundstücks ist eine weitere wichtige Voraussetzung bei der Planung. Die Anschlusshöhen zu den Nachbargrenzen und zur Straße sind fest stehende und selten veränderbare Fixpunkte, ebenso wie die Höhe des Hauses in Bezug auf den Garten. Diese Höhen müssen möglichst genau eingemessen werden. Hierfür verwendet man entweder ein Nivelliergerät oder man spannt mit Hilfe einer Wasserwaage von einem Bezugspunkt zum nächsten waagerechte Schnüre und liest die Höhendifferenz am Zollstock ab.

TIPP

Vor allem bei Grundstücken mit einer bewegten Topografie ist es optimal, die Planung des Gartens parallel zur Planung des Hauses zu erstellen. Oft können dadurch Kellertreppen oder Terrassen besser in den neuen Garten integriert werden und Garten und Haus bilden eine Einheit.

Für die weitere Planung nimmt man vereinfacht als Bezugshöhe die Wohnebene im Erdgeschoss als ± 0,00 m an. Beispielsweise würde dann die vorhandene Terrasse auf – 0,20 m liegen, also 20 cm unter der Fußbodenhöhe im Erdgeschoss. Die Höhen werden sowohl für die Modellierung des neuen Gartens als auch für die Ableitung des Regenwassers und für die spätere Massenberechnung benötigt.

Oben: **Bei diesem eingewachsenen, terrassierten Garten sind die Höhenunterschiede gut erkennbar. Er besitzt deutlich sichtbare Strukturen.**

Mitte: **Ein älteres Grundstück mit unstrukturierter Rasenfläche. Die vorhandenen Bäume bestimmen die Lichtverhältnisse.**

Unten: **Ein typisches Neubaugrundstück. Hier ist man bei der Planung frei in seinen Entscheidungen, aber es fehlt das Flair eines reiferen Gartens.**

Die Standortfaktoren: Licht – Wasser – Boden – Klima

Diese Voraussetzungen bestimmen das Leben im Garten. Sie legen fest, wann und wie wir den Garten nutzen können und welche besonderen Maßnahmen bei der Umgestaltung getroffen werden müssen. Außerdem beeinflussen sie, welche Pflanzen optimal wachsen und welche trotz bester Pflege kaum eine Chance haben.

Das Licht im Garten wird vor allen Dingen von der Ausrichtung des Grundstücks bestimmt. Sie entscheidet, wo wir in der Morgensonne unser Frühstück genießen können, wo es mittags vielleicht unerträglich heiß wird oder wo uns abends am längsten die Sonne wärmt. Deshalb ist die Himmelsrichtung ein wichtiges Kriterium bei der Gartenplanung. In den Bestandsplan werden nicht nur der Nordpfeil eingetragen, sondern auch die Schlagschatten, die beispielsweise das eigene oder das Nachbarhaus werfen, aber auch besonders sonnige und warme Fassaden oder schattige und kühle Nischen.

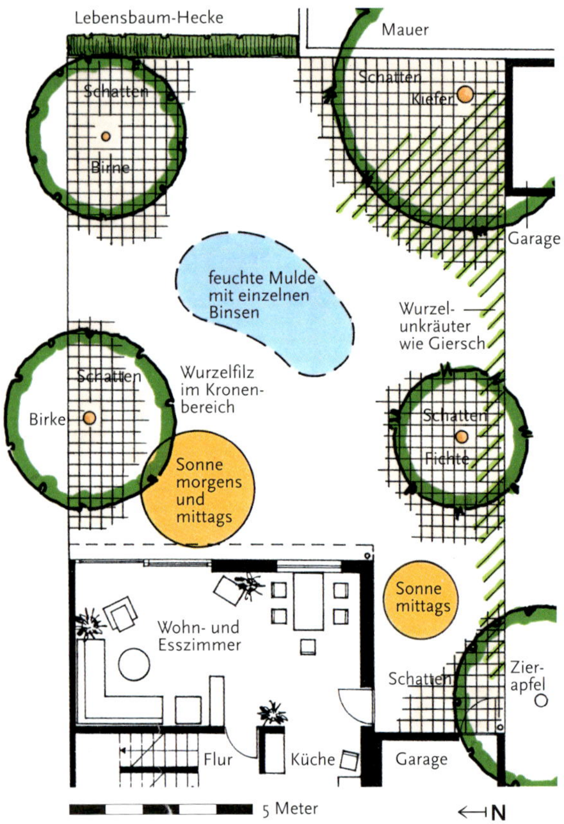

Zudem ist die Belichtung für die Zusammenstellung der Bepflanzung im Garten sehr wichtig. Ist der eigene Garten klein und eher gen Norden ausgerichtet, macht es nicht viel Sinn, von einem reich blühenden Rosengarten zu träumen. Aber ein üppig grüner Garten mit spannenden Blattstrukturen und Blüten in allen Pastellfarben wäre hier ein lohnendes Ziel.

In diesem Plan wurden sämtliche Standortfaktoren vermerkt. Er dient als Entscheidungshilfe für die künftige Planung. Zu viele große Bäume beschatten den Garten. Die Birke, die Kiefer und die Fichte sollen entfernt werden. Die feuchte Mulde benötigt eine Drainage. Der mit Giersch verseuchte Boden muss ausgetauscht werden.

In einem größeren Garten kann man unter Berücksichtigung der Lichtverhältnisse unterschiedliche Gartenräume schaffen: die Sonnenterrasse beherbergt mediterran anmutende, duftende Pflanzen und vermittelt Urlaubsstimmung, der schattige Bereich wird mit Farnen und Schattenstauden bepflanzt, und der kleine Obstgarten bietet Platz für Johannis- und Himbeeren und alles, was sonst noch für einen Rumtopf benötigt wird.

Das Wasser ist für das Wachstum der Pflanzen ebenso wichtig, aber vom Gärtner besser manipulierbar. Bei der Bestandsaufnahme sollte man berücksichtigen, ob sich auf dem Grundstück feuchte oder nasse Mulden befinden, ob Hangwasser austritt oder wo extrem trockene Standorte liegen. Bei der Planung des Gartens kann man diese Bereiche anschließend entweder in die Planung integrieren oder sie mit entsprechendem Aufwand verändern. Aus einer feuchten Mulde kann so eine blühende Iriswiese oder mittels einer Drainage ein zweiter Sitzplatz im Garten entstehen.

Bei sehr trockenen Lagen verwendet man entweder sehr trockenheitsverträgliche Pflanzen oder man plant von vornherein eine automatische Bewässerungsanlage mit ein.

Links: **Dieser schattige Platz im Garten lädt zum Verweilen ein. Hier ist es selbst an heißen Sommertagen angenehm kühl.**

Unten: **Ein sonniges und steiniges Beet bietet Platz für so anspruchslose Pflanzen wie Wilder Majoran, Königskerze, Wilde Möhre, Iris und andere.**

Der Boden

Der Boden bildet den Lebensraum für die Pflanzen und bestimmt oft maßgeblich den Pflegeaufwand im Garten. Ein reiner Sandboden lässt sich zwar leicht bearbeiten, wird aber schon nach einer kurzen Trockenperiode wasserabweisend und das Gießen nimmt viel Zeit in Anspruch. Dagegen ist ein toniger Boden schwer und vor allem bei Trockenheit häufig steinhart und schlecht zu bearbeiten. Die goldene Mitte stellt für die meisten Pflanzen ein lockerer, lehmiger Boden dar. Mit entsprechenden Bodenverbesserungen und einer geeigneten Bepflanzung lässt sich dennoch auf jedem Boden ein attraktiver Garten gestalten. Im Bestandsplan sollte man wechselnde Bodenverhältnisse, die oft bereits an ihrer unterschiedlichen Farbe erkennbar sind, kennzeichnen.

Der **Nährstoffgehalt** des Bodens oder die Verunreinigung mit Schwermetallen sowie der pH-Wert haben großen Einfluss auf das Wachstum der Pflanzen. Möchten Sie mehr über die Qualität und den Nährstoffgehalt Ihres Bodens erfahren, können Sie Bodenproben untersuchen lassen (Adressen s. Seite 140) oder entsprechende Sets im Fachhandel erwerben.

Oft reicht es aber bereits aus, so genannte Zeigerpflanzen im Garten zu suchen. Sie wachsen nur unter ganz bestimmten Bedingungen und sagen deshalb viel über ihren Standort aus.

Das Klima

Das Klima ist die Gesamtheit aller meteorologischen Erscheinungen: Niederschläge, Sonnenscheindauer und Temperaturen über einen längeren Zeitraum ergeben eine bestimmte Klimazone. Liegt Ihr Garten in einer milden Zone, so lassen sich dort auch frostempfindliche Pflanzen wie Passionsblume, Lorbeer oder Rosmarin beheimaten. In besonders rauen Gebieten sind dagegen manchmal schon Efeu oder Kirschlorbeer problematisch. In welcher Klimazone Ihr Garten liegt, erfahren Sie aus einer Klimakarte.

Häufige Zeigerpflanzen:

- Hahnenfuß → Staunässe
- Sauerampfer, Breitwegerich → schwerer, undurchlässiger Boden
- Vogelmiere, Wiesen-Salbei → lockere, humusreiche Erde, trockener Boden
- Binsen, Adlerfarn → wechselfeuchter Boden, Hangwasser-Zeiger
- Brennnessel, Klettenlabkraut → nährstoffreicher Boden
- Ackerveilchen → nährstoffarmer Boden

Architektur & Umgebung

Ein Garten wirkt harmonisch, wenn eine Einheit zwischen Stil des Wohnhauses, Innenarchitektur und Stadt/Landschaft geschaffen wird. Deshalb ist es vor der Planung des Gartens sehr wichtig, sich sowohl mit der Fassade als auch mit dem Innenraum und der Umgebung auseinander zu setzen.

Die Architektur des Hauses bestimmt einen Teil der Gestaltung des Gartens. Betrachtet man Fotos von Gärten, die man als stimmig empfindet, besteht immer ein gewisser Gleichklang zwischen der Formensprache des Gebäudes und der des Gartens. Sowohl die Linienführung als auch die Materialien passen zueinander und die Atmosphäre stimmt.

Ein Gebäude aus der Gründerzeit stellt andere Ansprüche an die Gestaltung des Gartens als ein modernes Stadthaus, ein altes Fachwerkhaus hat eine völlig andere Ausstrahlung als ein Reihenhaus aus den 60er-Jahren.

Um eine möglichst harmonische Gesamtsituation zu schaffen, sollte man folgende Aspekte genau betrachten:

- die Materialien, die dem äußeren Erscheinungsbild des Hauses seinen Charakter geben
- die Farbgestaltung von Fassade, Dach, Fenstern, Türen usw.
- die Epoche, aus der das Haus stammt, und der Zeitgeschmack, der zu dieser Zeit vorherrschte.

Außerdem ist auch der Dachüberstand zu berücksichtigen. Unter stark auskragenden Dächern entsteht einerseits ein nahezu pflanzenfeindlicher, da zu trockener Lebensraum, andererseits bieten sie Platz für geschützte Sitzplätze oder Wegverbindungen.

Um das Gebäude optimal in den Garten einzubinden, kann man einen Baum, einen Großstrauch oder eine Kletterpflanze dicht an das Haus pflanzen. Damit bei der späteren Planung des Gartens der Platz für diese Pflanze gut gewählt wird, sollte man von jeder Seite des Hauses entweder eine maßstäbliche Zeichnung (= Ansicht) oder ein Foto zur Hand haben. Eine solche enge Verknüpfung ist vor allem bei kleinen Grundstücken sehr wichtig.

Oben: **Ein modernes Gebäude, umgeben von einer Holzterrasse und einer Pflanzung aus Gräsern, die zu unterschiedlichen Zeiten blühen und fruchten und sich sanft im Wind bewegen.**

Der Grundriss des Gebäudes

ist ein wichtiger Bestandteil der Planungsgrundlage. Aus ihm kann man die Lage und Nutzung der Zimmer, aber auch die wichtigen Blickverbindungen von innen nach außen ablesen. Er enthält die genaue Lage der Eingangstür, der Fenster und die Raumaufteilung sowie Kellertreppe oder Lüftungsgitter.

Optimal ist es, wenn schon zu Beginn der Gartenplanung feststeht, wie in etwa die Möblierung im Haus aussehen soll, damit Garten- und Innenarchitektur aufeinander abgestimmt werden können. Dies ist in aller Regel nur bei Neubauten der Fall. Auf den ersten Blick ist vielleicht nicht ohne weiteres nachvollziehbar, wo der Nutzen liegt. Daher stellen Sie sich beispielsweise ein Esszimmer vor, das mit einem runden Tisch bestückt wird: Hier liegt das Zentrum und somit auch die Hauptblickrichtung auf der Tischmitte. Denken Sie nun aber stattdessen an eine lang gestreckte Tafel, entsteht im gleichen Zimmer eine Achse mit einer geradlinigen Blickführung, die sich aus dem Fenster hinaus bis in den Garten verlängert. Dieser Achse sollte bei der Gartenplanung Rechnung getragen werden. Zudem wird die Gestaltung des Gartens vor einem Schlafzimmer anders aussehen als vor der Küche oder einem Kinderzimmer.

Wichtig sind im Grundriss auch die weiteren Etagen. Liegt beispielsweise Ihr Arbeitszimmer im Keller, ist der Blick aus diesem Fenster wichtig. Handelt es sich um ein Haus mit mehreren Etagen, ist bei der Planung des Gartens auch der Blick von oben zu bedenken.

Die Umgebung prägt den Garten

– jeder Garten ist immer Bestandteil seines Umfelds. Ob ein Garten in einer ländlichen Idylle liegt oder ob er sich mitten in der Stadt befindet, wird Auswirkungen auf seine Gestaltung und auf den zu wählenden Gartenstil haben. Außerdem besitzt jeder Garten seine ihm eigenen Blickbeziehungen. Im Bestandsplan sollten Blickachsen in die freie Landschaft oder zu besonders lohnenswerten Punkten eingetragen werden. Ebenso wichtig ist es, im Plan zu markieren, wo Sichtschutzmaßnahmen notwendig sind, damit man sich in seinem neuen Garten rundum wohl fühlen kann.

Oft wird man mit den Jahren »betriebsblind« und nimmt den eigenen Garten zu selbstverständlich wahr. Um mehr Details des Hauses und der Umgebung Ihres Gartens zu bemerken, stellen Sie sich vor, alles zum ersten Mal zu sehen, wie ein fremder Gast.

Links: **Der dezente grüne Stadtgarten mit seinen geschnittenen Buchsbaumeinfassungen passt gut zum Kolonialstil des Hauses.**

Unten: **Ein Garten in ländlicher Umgebung: Die Grenze zwischen Grundstücksende und Beginn der Landschaft ist fließend – die Landschaft ist Bestandteil des Gartens.**

Wünsche & Bedürfnisse

Der Garten ist

keine anonyme Grünfläche, sondern ein individueller Frei- und Lebensraum für alle Bewohner des Hauses. Jeder Einzelne hat seine eigenen Wünsche und Vorstellungen vom Leben mit und in einem Garten. Deshalb sollte man vor der Planung des Gartens versuchen, die bestehenden Wünsche, Anforderungen und Bedürfnisse möglichst vollständig zu ergründen.

Ein Garten bietet viel Abwechslung, benötigt aber auch Zeit. Wie viel Zeit man für die Arbeit im Garten investieren möchte, bestimmt maßgeblich den späteren Gesamteindruck des Gartens. Allerdings muss ein gepflegtes Grundstück nicht unbedingt seinen Besitzer zum Sklaven der Gartenarbeit machen. Hier kommt es auf die richtige Material- und Pflanzenauswahl an. Und außerdem: Für viele ist die Arbeit im Garten ein angenehmer »Ausgleichssport«, bei dem man hervorragend abschalten kann. Man befindet sich in einer eigenen Welt, seinem eigenen kleinen Kosmos, den man kreativ beeinflusst und der auch seinerseits immer wieder für Überraschungen gut ist. Im hektischen Alltagsleben kann daher bereits ein kleiner Garten einen großen Erholungswert haben.

Für Hobbys, Spiel und Sport

kann im Garten Platz geschaffen werden. Ob Sie gern malen und eine Gartenlaube als Atelier einplanen oder davon träumen, sommers wie winters im eigenen Pool zu schwimmen, ob Sie lieber an warmen Sommerabenden mit Ihren Freunden wie in Frankreich auf einer Kiesfläche Boule spielen, als passionierter Hobby-Koch die abenteuerlichsten Kräuter und Gewürze im eigenen Garten anbauen möchten, ob Sie leidenschaftlicher Brotbäcker sind und sich einen eigenen Backofen im Garten wünschen

Der Garten ist der ideale Platz zum Spielen und Toben. Eine Schaukel lässt sich in kleinen Gärten leicht integrieren und ist auch für Erwachsene eine willkommene Gelegenheit zum Ausspannen.

Ländliche Idylle: Hühner oder Kaninchen sollten Gehege erhalten, denn so manche Staude ist ein wahrer Leckerbissen.

oder ob Sie lieber einfach nur in der Sonne liegen und ein gutes Buch genießen möchten..., für alles kann der eigene Garten den entsprechenden Raum bieten.

Werden Gartenfeste regelmäßig gefeiert, sollte man sich im Vorfeld überlegen, wie viele Personen maximal Platz finden müssen. Selbst in einem kleinen Garten lässt sich viel Raum für solche Gelegenheiten schaffen, ohne dass es dem Garten ansonsten an Atmosphäre mangelt. An dieser Stelle ist auch zu bedenken, ob ein überdachter, vor Wind und Regen geschützter Sitzplatz gewünscht wird. Ein Schutzdach über der Terrasse oder eine separate, vielleicht sogar beheizbare Gartenlaube bietet auch Platz an kühleren Tagen.

Natürlich ist auch die Familiengröße, ihre Zusammensetzung (Altersstruktur) und ob es Haustiere gibt von entscheidender Bedeutung. Die Zahl der Personen, die den Garten nutzen, ist beispielsweise wichtig zur Bestimmung der Terrassengröße und ob es weitere Sitzplätze geben soll. Die Altersstruktur lässt einige Rückschlüsse auf die Nutzung zu, und auch die Art und Anzahl der Haustiere ist eine durchaus wichtige Information, die bei der Gartenplanung berücksichtigt werden sollte.

Gehören beispielsweise Katzen zur Familie, werden Wege aus Kies, Mulch oder Muscheln gern als Toilette benutzt und sind daher eher unangebracht (Sandkästen sollten mit einer Abdeckung versehen werden!). Auch Hund ist nicht gleich Hund: Rassen mit einem typischen Wachhundinstinkt brauchen an den Grundstücksgrenzen oft Platz zum »Patrouillieren«. Bedenkt man dies nicht, wird man die Sträucher in diesen Zonen häufig nachpflanzen müssen. Andere Hunde graben gern, was die Art der Bepflanzung und auch die Einzäunung vor besondere Aufgaben stellt.

Die gewünschte Atmosphäre im Garten bestimmt die Gestaltung ganz maßgeblich. Natürlich ist nicht in jedem Garten alles möglich, aber es ist an dieser Stelle erlaubt, seine Träume zu äußern. Lieben Sie die Provence und wünschen sich einen mediterranen Garten, der nach Lavendel und Rosmarin duftet, oder hat Sie der letzte Urlaub in Schweden zum Liebhaber von Flieder und Holzterrassen werden lassen? Bevorzugen Sie bestimmte Farbtöne, lieben Sie es fröhlich bunt oder hätten Sie gern alles Ton in Ton? Freuen Sie sich über üppig tragende Obstbäume und -sträucher oder sollte Ihr Garten eher asiatisch meditativ gestaltet sein? Hier gibt es eine Fülle an unterschiedlichsten Möglichkeiten!

Der Fragenkatalog auf den Seiten 16 und 17 hilft Ihnen, Ihre »Wunschliste« zu erstellen. Aus dieser können anschließend die Ziele für Ihre Gartenplanung festgelegt werden. Sie werden sich wundern, wie vielseitig und spannend ein Garten sein kann und was alles auch auf engem Raum möglich ist.

TIPP

Um möglichst viele Wünsche zusammenzutragen, empfehle ich, an einer zentralen Stelle im Haus ein großes Blatt Papier anzubringen. In der Mitte steht das Wort »Garten«. Für jeden Bereich geht hiervon ein Ast aus, der mit vielen Zweigen als Unterpunkten ergänzt werden kann. Diese Methode ermöglicht nicht nur das Festhalten einer Vielzahl von Wünschen, sondern gibt zugleich einen gewissen Überblick.

Checkliste zur Gartenplanung

1. Örtliche Gegebenheiten

- Handelt es sich um einen Neubau oder eine Umgestaltung?
- Welche Farbe hat die Fassade des Hauses?
- Werden die Fenster farblich abgesetzt? Wenn ja, in welcher Farbe?
- Sind Fensterläden, Markisen usw. geplant und wenn ja, in welcher Farbe?
- In welcher Neigung und in welcher Farbe werden die Dächer ausgeführt?
- Ist auf Flachdächern eine Dachbegrünung gewünscht?
- Ist Sichtschutz zu den Nachbargrundstücken erforderlich?
- Sollen Ausblicke in die Umgebung freigehalten oder geschaffen werden?
- Wie sind die Lichtverhältnisse im Garten?
- Wie ist der anstehende Boden beschaffen?
- Sind Bäume oder andere Pflanzen vorhanden und sollen diese erhalten bleiben?

2. Verflechtung zwischen innen und außen

- Gibt es bestimmte, besonders wichtige Ausblicke aus dem Haus?
- Welche Farben und Materialien bestimmen die Innenarchitektur? Ist es gewünscht und sinnvoll, sie in den Garten zu übertragen?
- Welche Räume sollten durch Pflanzen beschattet werden?
- Wo sollte die vorhandene Bepflanzung ausgelichtet werden, um mehr Licht ans und ins Haus zu bringen?
- Soll der Garten auch von oben – sprich von höher gelegenen Stockwerken – attraktiv wirken?
- Von welchen Zimmern aus sollte der Garten eher ruhig wirken und vor welchen Räumen sind die Spielflächen für die Kinder gewünscht?

3. Funktion und Ausstattung des Gartens

- Werden (zusätzlich zur Garage) weitere Stellplätze benötigt?
- Wird ein Stellplatz für Fahrräder oder Sportgeräte gewünscht?
- Wie viele Mülltonnen sind zu integrieren?
- Sollen Wäschespinne oder ein Gartengerätehaus eingeplant werden?
- Sind vorhandene Dinge wie Skulpturen oder Brunnen zu berücksichtigen?
- Wird ein Platz für den Kompost gewünscht?
- Wie groß soll die Terrasse werden?
- Sind weitere Sitzplätze vorzusehen?
- Können Stufen angelegt werden oder soll der Garten barrierefrei sein?

4. Atmosphäre/ Gartenstimmung/ Gartentyp

- Lieben Sie sonnige oder eher schattige Plätze?
- Bevorzugen Sie klare, gerade Formen oder eher weiche, geschwungene Linien?
- Soll der Garten einem bestimmten Gartenstil folgen? Etwa
  - Bauerngarten
  - japanischer Garten
  - englischer Landschaftsgarten
  - naturnaher Garten?
- Soll der Garten großräumig gestaltet oder eher kleinteilig in verschiedene Bereiche unterteilt sein?
- Sollen bei der Gartengestaltung die Regeln des Feng Shui mit einfließen?
- Wie und in welcher Höhe soll an den Grundstücksgrenzen die Einfriedung erfolgen – als Zaun, Hecke, Mauer oder freie Pflanzung?

5. Lebensgewohnheiten und Hobbys

- Wie viele Personen werden den Garten nutzen (mit ungefährer Altersangabe)?
- Wird ein Aktivbereich für Kinder oder für Spiele im Außenbereich benötigt (Federball, Fußball, Tischtennis usw.)? Und wünschen Sie besondere Spielgeräte (Rutsche, Schaukel, Sandkasten, Spielhaus, Baumhaus usw.)?

- Benötigen Sie Platz bzw. Einrichtungen für besondere Sportarten (Golf, Bogenschießen usw.)?
- Benötigen Sie gepflasterte Wege als Bewegungsflächen (Bobby-Car, Dreirad usw.)?
- Haben Sie Haustiere oder möchten Sie sich welche anschaffen?
- Möchten Sie im Garten regelmäßig Feste feiern (mit ca. wie vielen Personen und zu welcher Jahreszeit)?
- Brauchen Sie einen Platz zum Grillen?

6. Persönliche Wünsche

- Wie wünschen Sie sich in Ihrem Garten einen Rasen:
  – als große oder kleine Fläche?
  – englisch oder mit Blumen?
  – kurz geschnitten oder ab und zu als höhere Wiese?
- Hätten Sie gern einen überdachten Sitzbereich:
  – als Pavillon oder Pergola
  – offen oder geschlossen?
- Möchten Sie Wasser im Garten:
  – Teich oder Becken
  – Pool oder Schwimmteich
  – Wasserachse oder Bachlauf
  – Brunnen oder Vogeltränke?
- Denken Sie an irgendetwas, das Sie auf gar keinen Fall in Ihrem Garten haben möchten?
- Lieben Sie den Umgang mit Pflanzen oder soll der Garten eher übersichtlich und pflegeleicht sein?
- Möchten Sie im Garten gern arbeiten oder lieber liegen und lesen?
- Gibt es Pflanzen, die Sie besonders lieben oder hassen?
- Welche Farbkombination bevorzugen Sie im Garten: Ton in Ton/leuchtend kunterbunt/monochrom?
- Welche Farbtöne mögen/lieben Sie und welche nicht?
- Sind Düfte für Sie wichtig?
- Lieben Sie besondere Düfte im Garten, wie Flieder, Maiglöckchen, Lavendel, Minze usw.?
- Gräser und Bäume mit feinen Zweigen bewegen sich schon bei wenig Wind. Empfinden Sie dies als angenehm?
- Wünschen Sie Beete für jahreszeitliche Wechselbepflanzungen?
- Möchten Sie Pflanzen aus dem Garten zum Kochen und Essen verwerten:
  – Obst, Gemüse, Kräuter?
- Sollen diese im Garten integriert werden oder einen Extra-Bereich erhalten?
- Mögen Sie Kübelpflanzen und können Sie diese überwintern?
- Stellen Sie gerne Blumensträuße zusammen und möchten Sie Blüten für die Vase schneiden können?
- Ist eine flächige oder teilweise Begrünung der Hausfassade gewünscht?

7. Technische Informationen

- Soll der Garten automatisch bewässert werden?
- Ist der Bau einer Zisterne vorgesehen?
- Wie soll die Gartenbeleuchtung ausgebildet sein?
- Sind Grenzsteine bekannt und freigelegt?
- Durchqueren Leitungen den Garten?
- Wo können zusätzliche Leitungen vorgesehen werden?
- Sind Wasserzapfstellen vorhanden oder geplant?
- Sind Stromanschlüsse für den Außenbereich vorgesehen?
- Müssen Lärmschutzmaßnahmen vorgesehen werden?

8. Sonstige

- Wie hoch ist das Budget für den Garten?
- Möchten Sie bei der Umsetzung der Gartengestaltung Eigenleistungen erbringen oder wird damit eine Garten- und Landschaftsbaufirma beauftragt?
- Gibt es besondere Auflagen bei der Gestaltung des Gartens:
  – notwendige Baumersatzpflanzungen
  – Regelung zur Gestaltung der Grundstücksgrenzen
  – Verbot bzw. Gebot bestimmter Materialien?
- Gibt es einen bestimmten Termin, zu dem der Garten fertig sein soll?

Nutzungskonzept

In diesem Schritt werden alle Ergebnisse der Grundlagenermittlung zusammengefasst und bewertet. Das Nutzungskonzept bildet die Basis für die ganze weitergehende Planung.

Zuerst wird der Bestandsplan ausgewertet und alle Elemente übertragen, die bei der weiteren Planung berücksichtigt werden sollen. In unserem Beispiel sind dies (siehe Grafik):

- der Baum an der hinteren Grundstücksgrenze, der Sichtschutz zur dahinter gelegenen mehrgeschossigen Bebauung bietet
- die alte Klinkermauer zum Nachbarn.

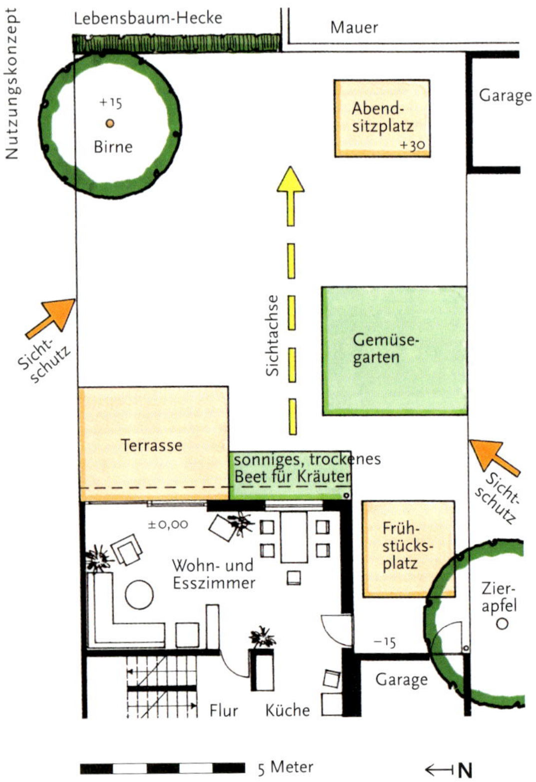

Bei einem Zaun oder einer Pergola prüft man Materialgüte und Standfestigkeit, bei Mauern, Terrassenflächen, Wegen usw. ist darauf zu achten, ob Risse und Absackungen zu sehen sind, die Verfugung in Ordnung und das Material stabil ist.

Die Beurteilung der vorhandenen Bepflanzung erfordert Fingerspitzengefühl, Erfahrung und natürlich gewisse Pflanzenkenntnis. Wird der Garten beispielsweise von einer alten, unförmigen Hecke begrenzt, muss diese nicht unbedingt weichen. Hier hängt viel von der jeweiligen Pflanzenart ab. Handelt es sich um ein sich gut regenerierendes Gehölz (z. B. Eibe, Buchsbaum, Hainbuche), lässt sich die Hecke auch scharf zurückschneiden und gut wieder in Form bringen. Sind allerdings Lebensbäume oder Scheinzypressen gepflanzt, ist nur ein leichter Rückschnitt möglich, da diese nicht wieder aus dem »alten Holz« austreiben und an den Schnittzonen braun bleiben.

Im Nutzungskonzept werden die verbleibenden Bäume, Hecken und sonstigen Ausstattungselemente übernommen. Außerdem wird eingetragen, wo Sitzflächen entstehen sollen, wo Sichtschutz erforderlich ist und welche Sichtachsen zwischen Innen- und Gartenraum zu berücksichtigen sind.

Zeichnen Sie im Nutzungskonzept alle Pflanzen ein, die unbedingt an ihrem jetzigen Standort erhalten bleiben sollen. Daneben erstellen Sie zusätzlich eine Liste der Pflanzen, die später im Garten – allerdings an anderer Stelle – wieder verwendet werden sollen. Auf dieser Liste werden nicht nur die Gehölze, sondern auch Stauden und Blumenzwiebeln vermerkt, vorausgesetzt sie sind vital und nicht mit Wurzelunkräutern durchzogen.

Die Lebensdauer und Wuchskraft der Pflanzen sind ein weiteres wichtiges Kriterium bei der Beurteilung. Für den künftigen Garten ist es entscheidend, wie alt die Pflanzen sind und wie sie sich in den kommenden Jahren weiterentwickeln werden. Ein oder mehrere junge Bergahorne oder Birken haben sicherlich in einem kleinen Hausgarten nichts zu suchen, aber ein alter knorriger Flieder

Oben: Ein Gewächshaus ist nicht nur praktisches Hilfsmittel zur Überwinterung und Anzucht empfindlicher Pflanzen, sondern kann auch einen Blickfang im Garten darstellen.

Unten: Ist man bereit, etwas mehr Zeit zu investieren, bietet der eigene kleine Gemüsegarten Platz für Erbsen, Bohnen, Salat sowie Sommerblumen in Mischkultur, wie diese Tagetes.

kann durch einen fachgerechten Gehölzschnitt zum Neuaustrieb angeregt werden. Des Weiteren sollte man sich gut überlegen, ob man Pflanzen mit starkem Ausbreitungsdrang, wie z. B. Essigbaum *(Rhus typhina)* oder Knoten-Bambus *(Phyllostachys)*, im Garten belässt oder nicht. Bei der Entscheidung darüber, welche Pflanze im Garten erhalten bleibt, können aber auch ganz individuelle Gründe, wie etwa eine Allergie, maßgeblich sein.

Bedenken Sie bei allen Überlegungen: In vielen Städten und Gemeinden gibt es eine Baumschutzverordnung, die vor allem Bäume ab einem bestimmten Stammdurchmesser schützt.

Die Standortfaktoren sollten neben dem Bestand im Nutzungskonzept vermerkt werden. Wo befindet sich beispielsweise eine warme und sonnige Fassade, wo kann man schon morgens die ersten Sonnenstrahlen im Garten genießen oder wo ist es abends am längsten hell? Schließlich sind die relevanten Angaben zum Boden und zum Wasser zu notieren, zumindest wenn sie nicht beeinflussbar sind oder nicht geändert werden sollen. In unserem Beispiel sind dies:

- die sonnig-warme Südfassade des Hauses als möglicher Standort für Wein, Kiwi oder Spalierobst
- der absonnige Bereich hinter der Mauer zum Nachbarn
- der Dachüberstand an der West- und Ostfassade, der für einen extrem trockenen Standort sorgt
- der lehmige und durch die Baumaßnahmen stark verdichtete Boden im gesamten Garten
- der mit Giersch »verunkrautete« Boden an der Nachbargrenze.

Zum Schluss trägt man alle wichtigen Wegverbindungen, Blickachsen bzw. Sichtschutzzonen und die gewünschten Aufenthaltsbereiche in den Plan ein. Außerdem sollte man sich an dieser Stelle Gedanken darüber machen, wo z. B. der optimale Standort für das gewünschte Gewächshaus wäre oder wo die Licht- und Bodenverhältnisse für ein kleines Gemüsebeet ausreichen. Auch der mögliche Standort für den Kompostplatz – etwas abseits von der nächsten Sitzecke – wird hier definiert.

In unserem Beispiel sind dargestellt:

- der Blick in das Tal
- Sichtschutz zum Nachbargebäude
- eine Terrasse und zwei kleinere Aufenthaltsflächen im Garten
- ein Weg durch den Garten, der die einzelnen Bereiche miteinander verbindet.

Diese künftigen Nutzungen markiert man lediglich durch einfache, farblich abgesetzte Linien und erläutert diese mit wenigen Worten – die differenzierte Ausarbeitung erfolgt im nächsten Planungsschritt. Es ist im Nutzungskonzept auch möglich, die eine oder andere Fläche doppelt zu belegen. Bei der weiteren Ausarbeitung der Planung kristallisiert sich fast von alleine heraus, welche Nutzung im Gesamtzusammenhang möglich und stimmig ist.

Professionelle Hilfe

Wünscht man sich einen Garten, der seine Geheimnisse hat, der entdeckt werden möchte, der seinen Reiz durch Höhenabstufungen und geschickt gesetzte Blickachsen entwickelt, der eine in sich stimmige Atmosphäre besitzt und von Jahr zu Jahr dazugewinnt, also eine grüne Oase, die alles bietet, was in ihren Möglichkeiten steckt, so merkt man, wie umfangreich und vielseitig die Anforderungen an die Planung sind und wie weit gefächert das Wissen und die Fähigkeiten sein müssen, die hierfür benötigt werden. Die wichtigsten sind:

- räumliches Vorstellungsvermögen
- planerische Fähigkeiten im Umgang mit Formen und Proportionen
- ein sicherer Umgang mit Farben und Strukturen
- theoretisches Wissen über Architekturstile, Kunstgeschichte und Gartenkunst
- ein Überblick über alle möglichen Materialien, die im Garten Verwendung finden können, samt deren spezifischen Anforderungen beim Einbau
- Wissen über Wasserökologie und Wassertechnik beim Bau von Teichen und Wasseranlagen
- elektrotechnische Grundlagen für die Beleuchtungsplanung
- und natürlich gute Pflanzenkenntnisse:

Heute werden die unterschiedlichsten Gehölze, Stauden, Gräser, Farne und Blumenzwiebeln in Hülle und Fülle angeboten. Hier lernt auch der Fachmann nie aus und entdeckt immer wieder neue Schätze, die auf ihren Einsatz warten.

Um all diese Fähigkeiten zu beherrschen, braucht es einige Zeit. Wünschen Sie sich bei der Planung Ihres Gartens Unterstützung, möchte ich Ihnen an dieser Stelle die Zusammenarbeit mit einem/einer Garten- und Landschaftsarchitekten/in ans Herz legen.

Die Planung entwickelt sich auch beim Profi Schritt für Schritt in ähnlicher Reihenfolge wie hier im Buch beschrieben. Nach der Grundlagenermittlung, die durchaus in Teilen auch vom Gartenbesitzer in Eigenleistung erbracht werden kann, folgen die ersten Skizzen, der Vorentwurf und der Entwurf. Auf diesen gründet sich die Planung der Höhen, der Absteckmaße, der Bepflanzung und der Beleuchtung. Außerdem werden, wenn gewünscht, Detaillösungen erarbeitet und es wird gemeinsam die Auswahl von Materialien getroffen. Die Beratung kann bis hin zur Auswahl von Kunstobjekten und der Möblierung für den Garten angeboten werden.

Parallel dazu werden Sie beim Einholen und Prüfen verschiedener Angebote von Garten- und Landschaftsbaubetrieben unterstützt oder von Lieferanten wie z. B. Baumschulen oder dem Baufachhandel. Auch die Überwachung der Baumaß-

Die fünf Vorteile einer professionellen Planung:

- Durch Fachwissen, räumliches Vorstellungsvermögen und den gewohnten Umgang mit Proportionen entstehen Entwürfe von hoher Qualität.
- Der Umgang mit der 4. Dimension, der Zeit, ist für viele oft ungewohnt und der deutlichste Unterschied zur Architektur. Der/die Gartenarchitekt/in berücksichtigt nicht nur den Verlauf der Jahreszeiten im Garten, sondern bedenkt auch die Entwicklung der Pflanzen über Jahrzehnte!
- Ein guter Garten muss nicht teuer sein! Auch ein günstiges Material kann, geschickt platziert und liebevoll im Detail geplant, eine sehr edle Ausstrahlung haben und den Garten aufwerten.
- Der Entwurf bietet die Vorlage für die Umsetzung der Leistungen. Ob diese sofort oder in zeitlich getrennten Bauabschnitten umgesetzt werden, ist Gegenstand der Beratung im Rahmen der Planungsleistungen. Der Vorteil: Stück für Stück entsteht der Garten, ohne Zeit und Geld für Dinge zu investieren, die zu einem späteren Zeitpunkt wieder verändert oder entsorgt werden müssen.
- Der/die Gartenarchitekt/in hat mehr Abstand und Erfahrung und kann auf Dinge hinweisen, die vom Besitzer selbst nicht wahrgenommen werden.

Links: **Das Planungsgespräch, die Diskussion aller möglichen und machbaren Alternativen, ist das Kernstück einer jeden Gartenplanung.**

nahme, die Rechnungsprüfung und Abnahme der ausgeführten Leistungen gehören zum Leistungspaket des/der Landschaftsarchitekten/in. Und natürlich ist er oder sie auch nach der Bauzeit Ihr Ansprechpartner, denn ein Garten ist nie wirklich fertig und verändert sich im Laufe der Jahre.

Als Ergebnis einer guten Gartenplanung sollte ein individuell auf Ihre Wünsche, Träume und Bedürfnisse abgestimmter Garten entstehen. Meine eigenen Planungen messe ich immer daran, ob der Garten sich nach einigen Jahren so entwickelt hat, wie es während der Planungsgespräche erörtert wurde. Ist dies nicht der Fall, hat man vielleicht die Kunden mit der Pflegeintensität des Gartens überfordert, den Farbgeschmack nicht hundertprozentig getroffen oder den Nutzungsdruck unterbewertet. Sind die Bedürfnisse der Gartennutzer aber alle zufrieden stellend berücksichtigt, findet man einen idyllischen Garten und glückliche Kunden vor. Dies ist eine der schönsten Auszeichnungen für mich.

Nach der ersten Hürde, der Schwellenangst, überhaupt eine/n Garten- und Landschaftsarchitekten/in für die Planung des Gartens anzusprechen, folgt die zweite: die Kosten. Natürlich hat alles Gute seinen Preis, aber bedenken Sie, dass eine differenzierte und gründlich durchdachte Planung sich vor allem langfristig wirklich bezahlt macht. Sie erhalten dabei eine Vielzahl von Tipps und Ratschlägen, mit denen Sie letztendlich Geld sparen sowie Fehlentscheidungen und die damit verbundenen unnötigen Kosten vermeiden.

Ist der Garten einmal geplant, entsprechend umgesetzt und die Bepflanzung eingewachsen, müssen Sie diese auch nicht mehrfach im Jahr mit Sommerblumen bestücken, damit es im Garten blüht. Eine gut geplante Pflanzung bietet Blütenpracht fast das ganze Jahr hindurch und berücksichtigt außerdem ein dauerhaftes immergrünes Grundgerüst.

Die Leistungen von Architekten berechnen sich nach der Honorarordnung für Architekten und Ingenieure (HOAI). Die Stundensätze bei einer Beratung liegen hiernach zurzeit zwischen 45,– und 85,– Euro netto. Als Basis für die Berechnung umfassender Planungen dient die Bausumme plus der geschätzten, durch Eigenleistung eingesparten Kosten.

Freischaffende Garten- und Landschaftsarchitekten finden Sie entweder über Ihr örtliches Branchenverzeichnis oder über den Bund deutscher Landschaftsarchitekten (BDLA, siehe Seite 140/141). Außerdem sind mittlerweile auch in Garten- und Landschaftsbaubetrieben oder in Gartencentern extra für den Bereich Gartenplanung und -beratung Gartenarchitekten/innen angestellt. Es ist in jedem Fall ratsam, einen gemeinsamen Termin im Garten zu vereinbaren. Aus der Entfernung, nur an Hand von Fotos, ist keine qualifizierte Planung möglich.

Planung & Entwurf

>2. Schritt

Räumliche Gestaltung: Von der Skizze zum fertigen Plan

Jede Planung beginnt mit dem berühmten weißen Blatt Papier und einer Menge unsortierter Ideen im Kopf. Das Spielen mit Linien, Formen und Flächen schafft eine Fülle unterschiedlichster Gestaltungsmöglichkeiten. Die Entscheidung, wie wir mit dem vorhandenen Freiraum umgehen, wird sowohl von den im Vorfeld definierten Wünschen und Bedürfnissen als auch von den örtlichen Gegebenheiten beeinflusst.

Es gibt unterschiedliche Ansätze, einen Garten zu entwerfen: Der eine skizziert in kurzer Zeit auf einem Bierdeckel die verschiedensten Planungsansätze, die später genauer ausgezeichnet und ergänzt werden; der andere geht eher strukturiert an die Arbeit und zeichnet maßstabsgerecht den Garten in allen Details, beginnend bei der Terrasse. Ganz gleich, wie der eigene Planungsstil aussieht – wichtig ist, darauf zu achten, dass die Proportionen zueinander passen, die Linienführung harmonisch ist und eine gewisse Spannung entsteht. Hier gilt: »Das Ganze ist mehr als die Summe seiner Bestandteile.«*

* Christian Grunert (1900–1975) aus: Immergrüne Sprüche, Verlags-Anstalt Union Berlin GmbH, 1991

Außerdem sollte man bei der Planung bedenken, dass sich die Ansprüche an den Garten mit der Zeit verändern. Für eine junge Familie beispielsweise kann

der gewünschte Teich oder ein Wasserbecken, das für die kleinen Kinder eine Gefahr darstellt, anfangs nicht zur Diskussion stehen. Es sollte aber bereits von Anfang an mit bedacht werden, auch wenn die Umsetzung erst zu einem späteren Zeitpunkt erfolgt. Dies ermöglicht eine komplikationslose Nachrüstung, ohne dass das gesamte Gartenkonzept wieder in Frage gestellt wird.

Im nachfolgenden Kapitel soll an unserem Mustergarten in der Grafik gezeigt werden, wie unterschiedlich die Wirkung ein und desselben Gartengrundstücks sein kann, wenn man eine andere Formensprache zugrunde legt, und wie aus einer skizzierten Grundidee nach und nach ein mit Elementen ergänzter Entwurf entsteht.

Grundsätzlich gilt: Je kleiner das Grundstück und je größer die Menge der Vorgaben ist, desto höher sind die Anforderungen an die Planung und desto kniffliger ist die Aufgabe.

Links: **Schon auf den ersten Blick ist der Entwurf aus Kreisen und Kreissegmenten erkennbar. Die Pflanzen lösen die symmetrischen Formen auf und sorgen für Spannung, Tiefe und Atmosphäre.**

Alles im rechten Winkel

Da die meisten Häuser von geraden Linien dominiert werden, passt sich ein geradlinig geplanter Garten oft unkompliziert an das Gebäude an. Vorausgesetzt, die Proportionen, Materialien und Pflanzen sind gut aufeinander abgestimmt, kann er während jeder Jahreszeit attraktiv wirken.

In nahezu allen Epochen und in allen Kulturen findet man Gärten mit einer geradlinigen oder rechteckigen Grundstruktur. Ob wir die klassischen Prachtgärten der Antike, die orientalischen Serailgärten oder alte Klostergärten betrachten, überall treffen wir auf diese Grundelemente der Formensprache. Mit geraden, klaren Linien und Flächen kann man ganz unterschiedliche Gartentypen schaffen.

Den englischen Landhausgärten mit ihren üppigen Staudenpflanzungen, wie z. B. Sissinghurst, Great Dixter oder Tintinhull, liegen geradlinige Entwürfe mit klaren Strukturen zugrunde. Dennoch wirken diese Gärten alles andere als hart und streng. Mit Pflanzen werden die geraden Linien unterbrochen, und die linearen, wandartigen Hecken, die die Grenzen der unterschiedlichen Gartenzimmer bilden, dienen als Hintergrund für Blumenbilder, die wie gemalt wirken.

Die Linien im Garten verlaufen parallel zum Haus und zu den Grundstücksgrenzen. Sie stehen in deutlichem Bezug zur Architektur des Hauses und zur städtisch geprägten Umgebung. Vor dem Esszimmer liegt eine Fläche, vielleicht für ein Wasserbecken oder ein Hochbeet, in gleicher Breite des Fensters. Die zusammenhängende Terrasse verbindet die seitliche Nische mit dem Garten.

Viele moderne Wohngärten haben diese Gärten zum Vorbild. Geradlinig geschnittene Rasenflächen werden von Staudenbeeten mit locker fallenden Pflanzen wie dem Frauenmantel oder Gräsern umgeben (etwa wie im Foto auf Seite 22). Solche Gärten wirken einladend, fröhlich und keineswegs steif oder streng.

Im klassischen Bauerngarten mit seinen rechtwinkligen Wegeachsen und geschnittenen Buchsbaumhecken schaffen die klaren Formen eine gewisse Ruhe und sorgen für das Gegengewicht zu dem vielfältigen, bunten Durcheinander der Pflanzenstrukturen. Blüten-, Heil- und Gewürzkräuter stehen auf engem Raum nebeneinander, Obstbäume überschatten die Beete und Gemüse jeder Art steht in Reih und Glied ordentlich nebeneinander. Diese Strukturen verlieren selbst im Winter nicht ihren Reiz, wenn ein Teil der Pflanzen trockene und raureifüberzogene Blüten- und Fruchtstände zeigt. Im Schnee zeichnen sich die Hecken und geraden Wegeverläufe deutlich ab und sorgen so dafür, dass der faszinierende Kontrast zwischen geradlinig-geordnet-geplant und chaotisch-ungeordnet-morbid betont wird. Vor allem dieser Kontrast lässt geradlinig gestaltete Gärten spannungsvoll und abwechslungsreich erscheinen.

Links: Ein Staudengarten in seiner schönsten Blütenpracht. Die geraden Buchsbaumhecken geben ihm Struktur. Ohne sie fehlt dem Garten etwas Wesentliches.

Unten: Aus dem Schatten betrachtet man die über dem Wasser schwebende Holzterrasse, die zum Sonnen einlädt. Schlichte Materialien und flächige Beete sorgen für Ruhe.

Ein streng symmetrisch aufgeteilter und architektonischer Grundriss bietet sich bei kleinen Gartenräumen oder Innenhöfen an. Er ist geprägt von Mauern, Pflasterflächen und geschnittenen Pflanzen. Blüten-, Farben- und Formenvielfalt sind weniger gefragt. Vor allem, wenn die Wohnebene höher liegt als der Garten, kann eine solche Gestaltung sehr reizvoll sein.

Auch ruhige und eher kontemplativ wirkende Gartenräume, in denen man Ruhe und Entspannung findet, lassen sich mit geradlinigen Grundstrukturen schaffen. Nicht durch den Kontrast, sondern durch die Anordnung der Flächen zueinander, durch die Ausgewogenheit von bebauten und begrünten Flächen – vielleicht mit ruhigen Wasserflächen ergänzt – wird die Raumspannung erzeugt. Wichtig ist, dass ein solcher Garten nicht komplett überschaubar ist, sondern schattige Zonen oder versteckte Nischen aufweist, dass er seine Geheimnisse hat. Die Pflanzen ordnen sich hier der Gesamtidee unter und bilden einheitliche Flächen, die zu unterschiedlichen Zeiten im Jahr einfarbig und flächig blühen oder nur durch ihre grünen Blatttexturen wirken.

Für rechtwinklige Gärten kann ein Raster als Hilfsmittel dienen: Es gibt ein Liniengerüst vor, das zur Orientierung genutzt werden kann. Worauf sich die Linien des Rasters beziehen, bestimmt in aller Regel die Architektur des Hauses. Bezugspunkte können z. B. ein Vorbau oder ein Rücksprung in der Fassade sein. Stehen solche Elemente nicht zur Verfügung, legt man die Gebäudebreite zugrunde und teilt diese entsprechend der Fensteranordnung in gleichmäßige Segmente auf. Dadurch wird eine enge Verknüpfung zwischen Gebäude und Garten geschaffen. Wege können sich auf die Flucht zur Tür beziehen, die Terrasse steht in Bezug zum dahinter liegenden Wohnzimmer und der Sitzplatz im Garten bildet das Gegenstück zur Dachterrasse.

Auch bei der Umsetzung haben geradlinig geplante Gartengrundrisse ihre Vorteile. Sie lassen sich relativ leicht auf den Garten übertragen und mit wenigen Punkten einmessen. Praktische Hilfsmittel wie Fluchtstangen und Winkelprisma erleichtern dabei die Arbeit.

Schräge Blickachsen

Besitzt ein Gebäude schräg verlaufende Fassadenelemente, bietet es sich durchaus an, diese Linienführung in den Garten zu übertragen und somit auf die Architektur einzugehen. Auf diese Art wird eine Verbindung zwischen Gebäude und Garten hergestellt.

In der Gartenkunst, vor allem in den feudalen Gärten der Renaissance, wurden diagonal verlaufende Wege eingesetzt, um die Lustwandelnden durch die Größe und Weitläufigkeit der Parkanlage zu beeindrucken. Sie waren ein Symbol für Macht, Stärke und Reichtum. An Kreuzungen konnte man die Weite des Raums in alle Richtungen wahrnehmen – das einzelne Individuum fühlt sich in Anbetracht der imposanten Umgebung hier auch heute noch verloren. Diese Wirkung war sicherlich gewollt.

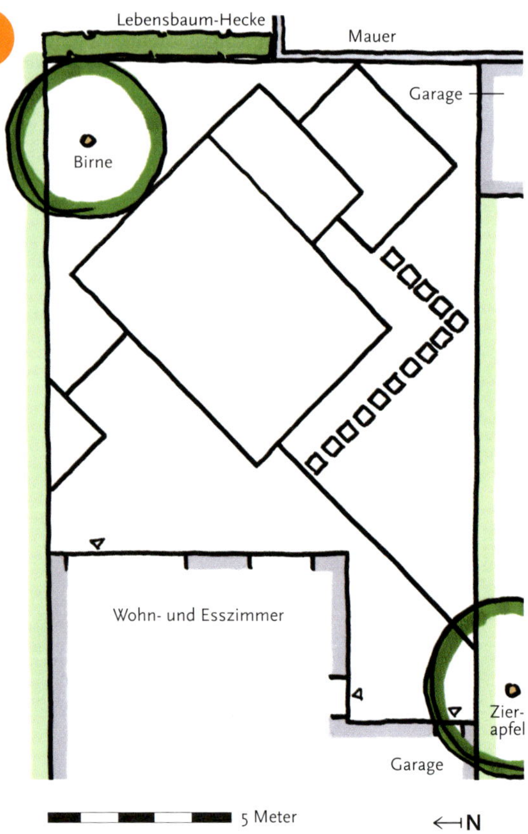

Diesem Plan liegt ein rechtwinkliges Raster zugrunde, das um 45° gedreht wurde. Vor dem Haus entsteht eine große dreieckig geformte Terrasse. Um sie aufzulockern, ragen weitere Flächen hinein und lösen die durchgängig geraden Linien auf. Je nach Zuordnung der Flächen können bei diesem Entwurf geschützte Sitzflächen, unterschiedlich bepflanzte Beete oder mehrere Wasserbecken entstehen.

Auf unsere Zeit übertragen, bietet die diagonale Grundstruktur eine Vielzahl von Möglichkeiten. Es werden Sichtachsen geschaffen, Nischen, die vom Haus nicht ohne weiteres einsehbar sind, können entstehen, und abknickende Wege bieten dem Besucher immer wieder neue Blickrichtungen. Außerdem lässt sich der Raum bei dieser Strukturierung gut in einzelne Teilflächen oder »Gartenzimmer« aufteilen. Diese haben einerseits jeweils für sich ihre eigene Atmosphäre und andererseits bilden sie durch die verbindende Form ein Ganzes. In diagonal angelegten Gärten ist auch das häufig auftretende Problem des Sichtschutzes gut lösbar. Die gerade an der Grundstücksgrenze entlanglaufende Mauer oder der berühmt-berüchtigte Sichtschutzzaun wirken weniger dominant, denn auf die dreieckigen Restflächen lassen sich gut große Solitärstauden, Sträucher und Kletterpflanzen setzen. Sie nehmen der Umgrenzung ihre Massivität. Ferner kann eine im hinteren Gartenbereich diagonal angeordnete Sitzecke, durch die niedrige Baumkrone einer Quitte vor den schräg einfallenden Blicken aus dem Nachbarhaus geschützt, zu einem beliebten Aufenthaltsort im Sommer werden.

Vieles von dem, was bei rechtwinklig gestalteten Gärten erwähnt wurde, trifft auch hier zu. So kann beispielsweise auch hier die Verwendung eines gleichmäßigen Rasters ein gutes Hilfsmittel bei der Planung sein. Der Verlauf von Wegen, der Platz für die Sitzecke oder die Lage des Wasserbeckens ergeben sich hierbei fast automatisch. Man sollte aber bei der Planung immer wieder auf die Blickachsen und die Beziehungen zum Gebäude achten, damit das Gesamtbild stimmt und eine optische Einheit zwischen Garten, Haus und Umgebung entsteht.

Asymmetrische Diagonalen können eine ungewöhnliche Spannung und ein besonderes Raumgefühl entstehen lassen. Damit eine solche Gartenanlage in sich ruht und ihre Wirkung entfalten kann, ist allerdings ein großes Maß an Einfühlungsvermögen und ein Gespür für Proportionen gefordert.

Besonders bei kleinen Grundstücken kann die Gestaltung mit schräg verlaufenden Linien und Flächen dienlich sein, denn sie hilft, einen kleinen Raum größer erscheinen zu lassen. Die Diagonale ist die längste mögliche gerade Linie bei einem rechtwinkligen Gartengrundstück. Nutzt man den Raum bis in diese hinterste Ecke, erscheint der Garten weitaus größer als sein Grundriss ursprünglich vermuten lässt. Außerdem können weitere »Tricks« helfen, den Garten optisch zu vergrößern: eine leicht vorspringende Wegeführung, ein geringes Ansteigen des Grundstücks nach hinten oder mit Stufen abgesetzte Flächen.

Bei allen entstehenden Achsen sollte man bedenken, welche Dominanz sie haben und welche Faszination von ihnen ausgeht. Eine Blickachse zieht den Blick nahezu magisch an. Deshalb sollte das Ende einer Blickachse auch stets ein interessantes Objekt bieten. Ob es sich hierbei um einen sommers wie winters am gleichen Platz stehenden Stuhl, eine Skulptur, ein Pflanzgefäß oder vielleicht einen Spiegel handelt, der durch seine Spiegelung eine zusätzliche Raumerweiterung vortäuscht, steht jedem Planer frei. Mit Blickpunkten kann man auch von anderen, nicht besonders attraktiven Elementen im Umfeld wie beispielsweise einem Fahrradschuppen im Nachbargarten oder einem Fabrikschornstein, ablenken und den Blick in den Garten ziehen. Besonders lohnenswert ist es, attraktiv gestaltete Blickachsen abends mit einer entsprechenden Beleuchtung zu betonen. Das schafft zusätzlich eine Verbindung bis in den Wohnraum hinein.

Oben: **Ein symmetrisch angeordneter Garten mit sich kreuzenden diagonalen Wegen und einer architektonisch wirkenden Bepflanzung versetzt den Betrachter in eine andere Epoche.**

Mitte: **Diagonale Hecken prägen den Vorgarten auch im Vorfrühling.**

Unten: **Der schräg verlaufende Weg, rechts und links von einer üppig blühenden, »kunstvoll« angelegten Wiesenfläche umgeben, führt zu einer verborgenen Terrasse.**

Rund & geschwungen

Für viele muss ein Garten aus organisch geschwungenen Formen und weichen Linien bestehen, da er am vielfältigsten von der Natur geprägt wird. Allerdings kann ein Entwurf, der sich auf die geometrische Form des Kreises bezieht, auch in hohem Maße architektonisch »gestylt« wirken.

Der Kreis ist eine in sich geschlossene Fläche mit einem zentralen Mittelpunkt. Er ist die einzige zweidimensionale Form, die sich beliebig oft symmetrisch teilen lässt. Diese Tatsache bestätigt die Vermutung, dass ein Kreis auch in der Gartenplanung sehr vielfältig eingesetzt werden kann. In vielen Kulturen ist der Kreis ein Symbol für das Leben. Ein Garten, in dem ein Kreis als zentrales Element verwendet wird, besitzt eine aus der Form begründete Energie und Ausstrahlung. Es ist allerdings oft nicht einfach, den für das Grundstück geeigneten Kreisdurchmesser und die Lage des Mittelpunktes zu finden. Will man das Haus mit in die Gestaltung integrieren, wird der Mittelpunkt so dicht am Gebäude liegen, dass ein Teil der Kreislinie »verschluckt« wird.

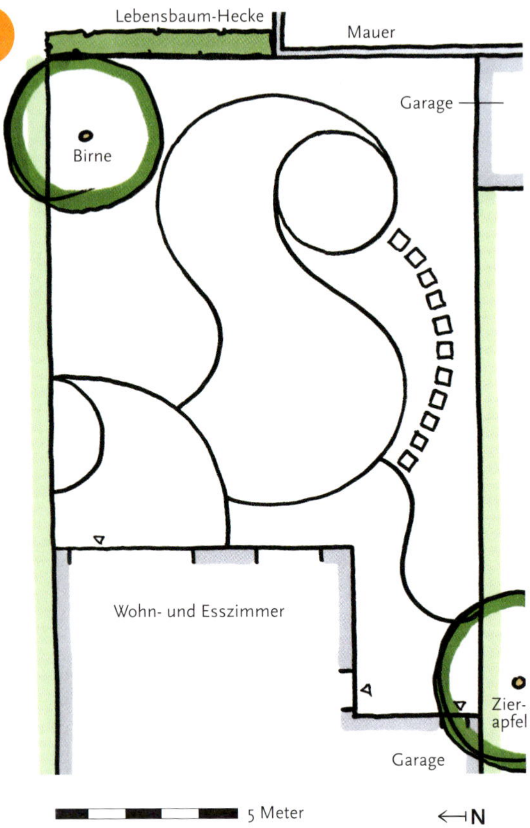

Kreise können aneinander grenzen, sich überschneiden oder, in Sektoren aufgeteilt, strahlenförmig in den Garten hineinreichen. Auch halbkreisförmige Flächen, als Wasserbecken oder Sitzpodeste denkbar, lassen sich in Gärten gut integrieren. Ihre gerade Abschlusslinie passt sich den meist geraden Grundstücksgrenzen gut an. Je nach Anordnung der Kreise kann ein statischer, ruhiger, fast meditativer, aber auch ein sehr dynamischer und bewegter Raum entstehen.

Die geschwungenen Linien und die kreisförmigen Flächen geben dieser Gartenskizze eine leichte und fröhliche Ausstrahlung. Der Garten wirkt dynamisch und aufgelockert. Um ihm eine gewisse Ruhe zu geben, bieten sich eine ebenmäßige Rasenfläche, ruhige Pflaster- oder Wasserflächen oder eher einfarbige Pflanzenkombinationen bei der Ausgestaltung an.

Besteht ein kleiner, quadratischer Innenhof beispielsweise aus einer zentralen kreisförmigen Platzfläche, die sowohl Raum für Gartenfeste und Kinderspiel als auch zum Wäschetrocknen bietet, bleibt in den verbleibenden Restflächen genug Platz für Bepflanzung. Ein solcher Gartenhof ist funktional, übersichtlich und auch von oben als klare Form wahrnehmbar. Je nach örtlicher Gegebenheit sowie nach Wahl der Materialien und Pflanzen kann er sehr unterschiedliche Wirkung erzielen. Handelt es sich um einen schattigen Bereich, bepflanzt mit Farnen und großlaubigen Stauden, wirkt dieser Garten eher kühl, ruhig und waldartig. Liegt die Fläche in der Sonne und ist mit vielen farbig blühenden Sträuchern und Stauden gestaltet, kann sie eine bunte, lebendige und fröhliche Ausstrahlung besitzen. Daneben sind viele weitere Varianten denkbar. Um Gärten mit Kreisen, Radien, Segmenten und fließenden Linien zu skizzieren, sind ein Zirkel und ein Kurvenlineal sehr hilfreich, damit die Linienführung später nicht zu unruhig wirkt.

In der modernen Gartengestaltung

finden sich seit einigen Jahren wellenförmige Linien in vielen Spielarten wieder. Beispielsweise ist ein Weg an einer geraden Achse gleichmäßig wellenförmig ausgebuchtet, oder ein blaues Band von Vergissmeinnicht blüht im Frühling inmitten des Rasens. Auch in Form von Wasserachsen oder als Muster auf Betonplatten taucht die Wellenlinie immer wieder auf. Auch weitere geometrische Formen, wie Oval, Ellipse oder Spirale, sind in aktuellen Entwürfen häufig zu finden. Außerdem fällt auf, dass die Nierenform der 60er-Jahre als Terrasse, Swimmingpool oder Rasenfläche auch im Garten wieder salonfähig ist.

Organisch geschwungene, weich fließende Linien bilden den größtmöglichen formalen Kontrast zu einer rechtwinkligen Architektur. Dieser Kontrast kann ein Teil der Spannung zwischen Innen- und Außenraum bedingen und den Betrachter des Gartens schon auf den ersten Blick zu einem Spaziergang einladen. Wichtig ist beim planerischen Umgang mit solchen freien, undefinierten Linien, dass die Übergänge harmonisch und die Radien aufeinander abgestimmt sind.

Eine Grundregel des Feng Shui

besagt, dass ein Gleichgewicht zwischen harten, geraden und weichen, fließenden Formen auf den Menschen positiv wirkt. Sanft geschwungene Wege führen hiernach dem Haus und seinen Bewohnern Energie zu, und ein weich abgerundeter Pool oder Teich verheißt Glück und Reichtum. Allerdings gilt auch hier das Gesetz der Proportion, denn ein zu großer Teich zieht, symbolhaft gesprochen, Energie aus dem Haus ab und bringt Unglück.

Links: **Entwurfbasis dieses modernen Gartens bilden Linien aus verschiedenen, fließend aneinander gereihten Kreisradien.**

Unten: **Die Acht, das Symbol für die Unendlichkeit, besteht aus einer in sich geschlossenen, in Schwüngen verlaufenden Linie.**

Gärten mit geschwungenen Wegen, einer ausgeglichen geformten Rasenfläche und einer dazu passenden Terrasse brauchen etwas mehr Raum, um zu wirken. Eine Ausnahme sind hier die asiatischen Gärten, die auch auf kleinstem Raum und mit einer sehr reduzierten Anzahl verschiedener Materialien und Pflanzen weiche Linien im Garten schaffen. Das einfachste Beispiel hierfür sind die in weichen Linien geharkten Strukturen in den Kiesflächen der Zen-Gärten.

Flächige Gestaltungselemente

Die im Entwurf skizzierten Formen werden in dieser Planungsphase mit Inhalten gefüllt und ausgearbeitet. Dabei ergeben sich notgedrungen Änderungen, wie Sie an unserem Planbeispiel verfolgen können. Als Erstes wird auf den nächsten Seiten auf die flächigen Elemente eingegangen, es folgen die linearen und die punktuellen Gestaltungselemente.

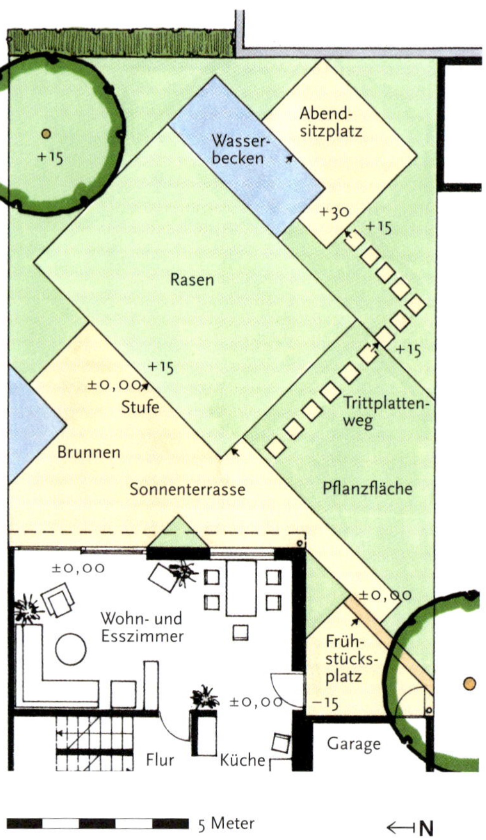

Jeder Garten besteht aus verschiedenen Flächen, die unterschiedliche Funktionen erfüllen: die befestigte Terrasse am Haus, die als Sitzplatz im Freien dient; der Weg, der in den Garten führt und z. B. die Gartenlaube mit der Terrasse verbindet; der Rasen, der zum Sonnen und Spielen einlädt; die Wasserfläche des Teiches, in der sich die Abendsonne spiegelt; das bunt blühende Staudenbeet u. v. m. Welche Flächen im Gartenplan umgesetzt werden, wie man die vorskizzierten Formen mit Inhalten füllt und interpretiert, steht im Ermessen des Planers.

Auch hier ist es wieder wichtig, auf ein ausgewogenes Gleichgewicht zwischen den Elementen zu achten. Wenn beispielsweise ein Garten eine große Terrassenfläche erhält, sollte diese entweder an der Hauswand Aussparungen für Kletterpflanzen erhalten, von vornherein mit großen Kübelpflanzen bestückt werden oder direkt an ein üppig bepflanztes Beet grenzen, damit das Verhältnis von Stein zu Grün stimmig ist. Andererseits benötigt ein Garten, dessen Schwerpunkt bei der Bepflanzung liegt, in bestimmten Bereichen einen kleinen gepflasterten Sitzbereich, einen klar strukturierten Weg oder ein ruhiges Wasserbecken. Aber auch der Einsatz von geschnittenen Pflanzen, vielleicht mit einer anderen Laubfarbe, kann hilfreich sein. Diese Elemente geben dem Garten eine ordnende Struktur und lassen ihn vor allem im Winter nicht zu unruhig wirken!

In der nun folgenden Planungsphase wird die Skizze, die von der Linienführung und der Aufteilung individuell am besten gefiel, weiter bearbeitet. In unserem Fall ist dies der diagonale Plan von Seite 26. Es wird festgelegt, wo der Rasen, die Terrassen und Sitzflächen sowie die Wasserbecken liegen sollen. Je nach Wünschen und Bedürfnissen könnte statt des Rasens auch eine große Wasserfläche geplant werden.

Oben: **Die Fläche dieses Gartenparts wird ausschließlich von Rosen geprägt. Hecken umschließen den Raum.**

Grünflächen

Pflanzen sind die prägenden Elemente im Garten. Sie verleihen ihm mit ihrer Gestalt und Ausstrahlung maßgeblich seine Stimmung und Atmosphäre. Hier geht es zunächst nur um ihre übergeordnete flächige Wirkung.

Grünflächen sorgen für Natürlichkeit und Lebendigkeit. Sie sollen ein Gleichgewicht zum Gebäude und der urbanen Umgebung bilden. Eine bunt blühende Blumenwiese wird dem Garten ein ganz anderes Erscheinungsbild geben als ein sauber gepflegter und akkurat geschnittener Rasen. Je nach skizziertem Entwurf und den vorher definierten Wünschen und Bedürfnissen können aber beide Varianten ihre Berechtigung im Garten haben. Wünscht man sich beispielsweise eine bespielbare Freifläche oder eine ruhige grüne Ebene, wird man sich eher für den Rasen entscheiden. Steht aber der Wunsch nach einem Garten, den man mit all seinen Geheimnissen entdecken kann, im Vordergrund, kann eine ein oder zwei Mal jährlich gemähte Wiese genau richtig sein, denn nichts geht über ein gemütliches Picknick zwischen blühenden Margeriten und Lupinen.

Gehölzpflanzungen umschließen den Garten, schaffen mit ihren ganzjährig in Erscheinung tretenden Strukturen Räume und bilden das Grundgerüst. Besonders immergrüne Laub- und Nadelgehölze sind hierbei zu berücksichtigen, sollten aber mit Gehölzen ergänzt werden, die dem Garten zu jeder Jahreszeit ein anderes Gesicht geben. Stauden, Gräser, Farne und Blumenzwiebeln vervollständigen und ergänzen das Bild zu einem »großen Ganzen«, geben dem Garten seine Vielfältigkeit und ermöglichen eine Blütezeit, die tatsächlich von Januar bis Dezember reicht. Der Aufbau einer strukturierten Bepflanzung wird im Schritt 5 detailliert erläutert.

In dieser Planungsphase geht es nicht um die Zusammenstellung der Pflanzen im Einzelnen, sondern um die übergeordnete Idee. Wo soll im Garten der Platz für das Gemüsebeet vorgesehen werden? Liegt an der Terrasse eine Fläche mit Rosen und Stauden? Erhält der Garten im Schatten der vorhandenen Bäume eine waldartig bepflanzte Lichtung? Ist ein Steingarten vorgesehen oder wird ein Hochbeet für Sommerblumen und Exoten gewünscht?

Links: **Der gepflegte Rasen wirkt wie ein grüner Teppich, um den sich die Pflanzflächen mit Frauenmantel, Glockenblumen, Rittersporn und Salbei gruppieren.**

Terrassen, Sitzplätze & Wege

Heutzutage wird der Garten als aktiv genutzter Raum verstanden. So ist es nahe liegend, dass man fast in jedem Garten eine Terrasse oder zumindest einen Sitzplatz findet. Die Wege verbinden die Aufenthaltsflächen miteinander und locken den Betrachter in den Garten.

Auf den Terrassen findet das Leben im Garten statt – hier sitzt man mit Familie und netten Freunden gesellig zusammen, isst, spielt, liest, erzählt oder genießt einfach einen schönen warmen Sommerabend. Selbst im Winter geht von diesen Plätzen eine eigene Magie aus, erinnert man sich doch an die schönen Stunden im vergangenen Sommer oder freut sich schon darauf, in wenigen Monaten wieder die Sonne und Wärme im Freien zu genießen. Außerdem lässt sich im Zeitalter der modernen Technik jede Sitzecke in ein Open-Air-Büro verwandeln – Notebook, Internet und Handy sei Dank. Hier ist ein ungestörtes Arbeiten oft eher möglich als im Büro und macht darüber hinaus auch mehr Spaß.

In »meinen« Gärten, und sind sie noch so klein, findet man fast immer mehrere unterschiedlich große Flächen, die zum Aufenthalt einladen. Hier kann man entweder mit der ganzen Familie zusammensitzen, zu zweit den Tag Revue passieren lassen oder sich mit einer Zeitung oder einem spannenden Buch in die verborgene Hängematte zurückziehen.

Die Sitzplätze sollten so angeordnet werden, dass sie zu unterschiedlichen Zeiten ihren besonderen Reiz haben: ein Platz zum Frühstück in der Morgensonne, eine schattige Sitzecke für die heißen Mittagsstunden oder eine Gartenlaube mit Blick in die untergehende Sonne. Auch ein geschützter Platz ist vor allem im Frühling und Herbst sehr angenehm.

Eine dieser Flächen muss die maximalen Bedürfnisse der Gastlichkeit erfüllen: Sind etwa häufig zehn oder mehr Personen zum Essen eingeladen, sollte die Terrasse ausreichend Platz bieten. Für größere Feiern wird der gesamte Garten mit einbezogen, die Hauptterrasse kann hier auch durchaus kleiner dimensioniert sein, da der zweite Sitzplatz für den Grill und der Rasen zum Aufstellen der Biertische genutzt werden kann.

Oben: **Ein einladender Sitzplatz auf der Terrasse. Werden mehr Gäste erwartet, bietet der Garten zusätzlichen Raum.**

Wege im Garten

Wege im Garten können ganz unterschiedliche Funktionen haben. Zum einen verbinden sie unter rein praktischen Gesichtspunkten zwei Räume und Funktionen miteinander: Der Kaminholzstapel, der Komposthaufen oder das Gerätehaus müssen genauso gut erreichbar sein wie das hintere Gartentor zum Waldweg oder die Kellertreppe.

Zum anderen können sie einen einladenden Charakter haben und zu einem Rundgang durch den Garten einladen – sie locken uns zu jeder Jahreszeit, um die aktuellen und zu jedem Zeitpunkt unterschiedlichen Geheimnisse des Gartens zu entdecken. Bei jedem Spaziergang wird man etwas Neues erblicken: einen Krokus, der gestern noch nicht geblüht hat, eine Libelle, die sich in der Sonne wärmt, oder eine rote Walderdbeere, die man im Weitergehen genüsslich nascht.

Bei allen Wegen sollte man sich die Frage stellen, ob sie z. B. mit Platten oder Pflaster befestigt sein sollten, ob sich zwischen den Steinen einzelne Polsterstauden in den Fugen etablieren dürfen, ob ein loser Wegebelag den Bedürfnissen gerecht wird oder ob ein Rasenweg oder eine Rasenmäherbreite in der Wiese als Weg ausreicht.

Oben: Von der Sitzecke im Schatten führt der Weg aus Betonschwellen zum Haus. Durch den enger werdenden Abstand scheint die Entfernung größer, als sie tatsächlich ist.

Mitte: Polygonale Natursteinplatten bieten vielseitigen Gestaltungsfreiraum und lassen sich gut mit Pflanzen kombinieren.

Unten: Auf solchen Holzwegen wird der Garten zur spannenden Entdeckung. Allerdings wird Holz im Schatten leicht rutschig.

Stufen werden überall

Stufen werden überall dort notwendig sein, wo unterschiedliche Höhenniveaus miteinander verbunden werden sollen. Sie haben ihre Nachteile, wenn man bewegungseingeschränkt ist, und sollten vermieden werden, wenn sie eine Behinderung für den Nutzer darstellen. Ist dies nicht der Fall, können Stufen aber eine große Bereicherung für die räumliche Erfahrung sein: Ein Holzdeck kommt erst richtig zur Wirkung, wenn es 10 oder 15 cm über dem Wasser und dem Rasen schwebt, und ein kleiner Sitzplatz mit einer Bank erhält mehr Spannung, wenn er eine Stufe erhöht angeordnet wird. Besonders in kleinen Gärten sollte man einzelne Zonen zumindest um eine Stufenhöhe voneinander absetzen. Der Garten wirkt dadurch viel reizvoller und größer als ein ganz flacher Garten.

Wasser in allen Variationen

Als eines der vielseitigsten Gestaltungselemente überhaupt kann Wasser im Garten die unterschiedlichsten Funktionen haben, in den verschiedensten Formen eingeplant und vielfältig wahrgenommen werden und so Ihr grünes Paradies merklich bereichern.

Ruhige, unbewegte Wasserflächen reflektieren Licht und können selbst in schattigen Gartenhöfen ein Stück Himmel einfangen. Außerdem sieht man ihnen jederzeit das Wetter an: Sanfter Nieselregen, heftige Gewitterschauer, eine frostige Nacht oder kleine Wellen, vom Wind erzeugt, geben der Fläche jeden Tag ein anderes Gesicht.

Teiche, die möglichst natürlich wirken sollen, benötigen deutlich mehr Platz als architektonisch geformte, formale Wasserbecken. Ein Teich sollte immer an der tiefsten Stelle des Gartens oder zumindest auf einem großen Plateau eingeplant und mit Sumpfpflanzen üppig bepflanzt werden. Wassertiefe, freie Wasserfläche und die Belichtung sind wichtige Faktoren für ein funktionierendes ökologisches Gleichgewicht. Außerdem sollte ein Teich möglichst nur mit Regenwasser aufgefüllt werden. Erfolgt dies mit Dachwasser, sollte man eine Vorrichtung einbauen, die nach längeren Trockenperiode die erste, stark verschmutzte Regenspende ableitet.

Geometrisch geformte Wasserbecken finden auch in kleinen Gärten Platz. Sie können als schmale Wasserachsen Sichtlinien bilden, mit einem erhöhten Beckenrand zum Sitzen einladen oder direkt am Haus gelegen eine einzigartige Verbindung zwischen Innen- und Außenraum schaffen.

Die üblichen Abdichtungen sind wasserfester WU-Beton oder die Eindichtung mit speziellen Teichfolien. Grundsätzlich gilt: Je weniger man die konstruktive Eindichtung optisch wahrnimmt, desto besser. Welches Material für das Wasserbecken verwendet wird, hängt von der Gesamtsituation ab. Es kann sowohl mit Naturstein, Klinker, Fliesen oder Betonstein verkleidet als auch aus Edelstahl, Cortenstahl oder Kunststoff gefertigt sein.

Oben: **Ein natürlich erscheinender, stark eingewachsener Schwimmteich, der im Sommer zum Schwimmen einlädt, ist ein herrlicher Platz zum Abschalten und Entspannen.**

Jede Wasserfläche – egal wie groß – zieht eine Menge Tiere an: Vögel nehmen ihr tägliches Bad, Libellen sitzen auf den Blättern der Sumpfiris, und im Wasser finden sich, ganz ohne unser Zutun, in kürzester Zeit Gelbrandkäfer, Wasserläufer oder sogar Frösche und Molche ein. Will man den Teich mit Fischen besetzen, sollte man dies sehr zurückhaltend und überlegt tun, da ein zu stark besetzter Teich schnell trüb wird.

Bewegtes Wasser gibt dem Garten Lebendigkeit und ist nicht nur optisch, sondern auch akustisch außerordentlich reizvoll. Ein rauschender Wasserfall, der selbst in kleinsten Gärten oder auf Dachterrassen Platz finden kann, übertönt alle Straßengeräusche der Umgebung. Ein glucksender Quellbereich oder ein plätschernder Wandbrunnen schaffen eine entspannende Atmosphäre. Aber auch ein kleiner Wasserstrahl aus einer Skulptur oder die fallenden Tropfen aus einem Bambusrohr können ausreichen, um den Gartenbesucher zu verzaubern und eine besondere Atmosphäre zu schaffen.

Ob Sie in Ihrem Garten nur eine Vogeltränke aufstellen, eine Skulptur, die Wasser spuckt, einen kleinen Wandbrunnen oder einen Teich oder Pool einplanen – in jedem Fall wird Ihr Garten mit Wasser lebendiger und gewinnt viele Facetten hinzu. Vor allem durch die Witterung verändern sich Wasserflächen oft von einer Minute auf die andere: Man sieht die feinen Tropfen des Nieselregens, aber auch die aufgewühlte Wasserfläche bei starkem Regen und Hagel und im Winter ist sie bedeckt mit Eis und Schnee.

Für viele ist ein Pool der Inbegriff von Luxus, für andere eine Bereicherung des alltäglichen Lebens. Wünscht man sich einen Swimmingpool, Schwimmteich oder Whirlpool, sind bei der Planung nicht nur die Größe und Form zu berücksichtigen, sondern auch die notwendigen technischen und ökologischen Belange, damit die notwendige Wasserqualität eingehalten werden kann und ein dauerhaftes Vergnügen gewährleistet ist.

Oben: **Aus den Plexiglasröhren gleitet das Wasser leise glitzernd als dünner Film herunter und zieht den Betrachter in seinen Bann.**

Mitte: **Kiesel verbergen die Teichabdichtung des Bachlaufs. An Fließgewässer angepasste Pflanzen lassen ihn natürlich erscheinen.**

Unten: **Ein Pool sollte harmonisch in den Garten eingepasst werden. Für gute Wasserhygiene und -pflege empfiehlt sich eine befestigte Umgrenzung.**

Lineare Gestaltungselemente

Sie schaffen einen Rahmen und sorgen für charakteristische Konturen. Kein Garten kann ausschließlich aus Flächen bestehen, schließlich ist er ein dreidimensionaler Raum. Die Ergänzung des Planes mit linearen Elementen ist der nächste Schritt zum fertigen Entwurf. Alle Gartenelemente, die im Plan, also von oben gesehen, als eine schmale Linie erscheinen, werden nun angesprochen. Dabei ist es zunächst unerheblich, ob sie sich flach auf dem Boden befinden oder in die Höhe erstrecken. Sie begrenzen die Flächen und unterstreichen die Struktur des Gartens. Sie sollen der bisher erarbeiteten Planung mehr Ausdruck verleihen, wo notwendig für Sichtschutz sorgen, aber wenn möglich auch Ausblicke betonen, Gartenräume voneinander trennen oder zumindest die komplette Übersicht auf den Garten verhindern. Sie sind für die Raumbildung im Garten immens wichtig. Von den oberen Etagen des Hauses werden sie – wie im Plan – als Linien wahrgenommen und geben dem Garten auch von hier aus einen besonderen Reiz.

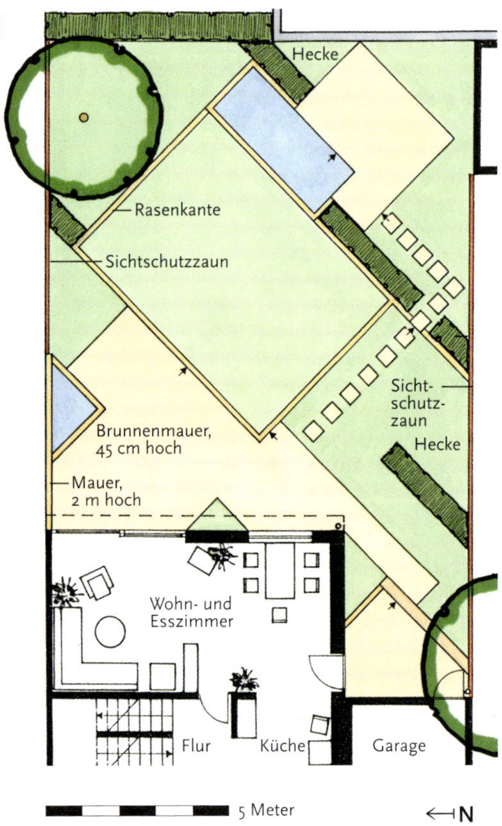

Für die Struktur des Gartens können einfache, als Linien ausgeführte Pflasterbänder, Metalleinfassungen oder Holzpalisaden prägend sein. Diese Linien trennen den Rasen vom Staudenbeet, das Wasserbecken von der Pflasterfläche oder auch unterschiedliche Pflastermaterialien voneinander.

In unserem Beispielplan wird nun der Rasen mit einer Rasenkante eingefasst und um eine Stufe von der Terrasse nach oben abgesetzt. Das Wasserbecken im Terrassenbereich soll wie ein kleiner Brunnen wirken und erhält eine 45 cm hohe Mauer. Die dichten Heckenriegel trennen den Garten in kleinere Räume. Er ist nicht mehr mit einem Blick überschaubar.

Rasenkanten und Beeteinfassungen sind wichtige Hilfsmittel für einen pflegeleichten Garten, da sie das Rasenabstechen erübrigen und im Garten die im Plan festgelegte Form fixieren. Aber eine Rasenkante muss nicht zwangsläufig eben ausgebildet werden. Oft erzeugt man mit einer Stufe, die beispielsweise von der Terrasse auf den Rasen hinaufführt, eine intensivere räumliche Wirkung. Zudem werden Stufen, die den Rasen in verschiedene Ebenen aufteilen, viel zu selten eingeplant. Gestaltet man etwa eine Beetkante als kleine Mauer, entsteht daraus ein Hochbeet, das Platz für empfindlichere Pflanzen bietet und außerdem zum Sitzen einlädt. Ist das Beet nur zu drei Seiten eingefasst, böscht der Boden zur vierten Seite wieder ab und es entstehen schräg geneigte Pflanzflächen, die für eine abwechslungsreiche und attraktive Pflanzung hervorragend genutzt werden können. Im Folgenden soll nun schwerpunktmäßig auf die höheren linearen Elemente und ihre vielseitige Verwendbarkeit eingegangen werden.

Zäune – Schutz & Deko

Besonders zur Einfassung des Grundstücks, als Schutz vor ungebetenen Gästen und neugierigen Blicken finden Zäune ihren Einsatz. Aber auch als Trennung zwischen verschiedenen Gartenzonen, als dekorativer Windschutz oder als filigrane Rankhilfe können sie den Garten aufwerten. Für welche Zaunart, für welches Material und welche Farbe man sich entscheidet, hängt maßgeblich von der Umgebung und der Architektur des Gebäudes ab. Ein Haus auf dem Land – aus Fachwerk und mit Ried gedeckt – wird von einem halbhohen Staketenzaun aus Holz, in den vielleicht duftende Wicken ranken, adäquat umrahmt. Dagegen passt zu einem Einfamilienhaus am Stadtrand – aus Ziegeln gemauert und mit weißen Fensterläden bestückt – ein weißer Zaun gut zum Gesamtbild. Wie hoch der Zaun sein soll, hängt von den individuellen Bedürfnissen ab.

Oben: **Der filigrane schmiedeeiserne Zaun dient einer Kletterrose als Rankhilfe.**

Mitte: **Grau lackierte Holzpalisaden mit unterschiedlichem Durchmesser und leicht abgestufter Höhe bilden einen schönen Hintergrund.**

Unten links: **Ein rustikaler Staketenzaun in einem Bauerngarten, umgeben von Phlox und Rosen.**

Unten rechts: **Ein Flechtzaun aus Weidenruten bietet Wind- und Sichtschutz und bildet einen reizvollen Hintergrund.**

Grundsätzlich gilt: Egal, ob ein Zaun aus Holz, Schmiedeeisen, Weidenruten, Zink, Bambus oder Edelstahl errichtet wird, als Sichtschutz oder nur als Grenzelement dient, er sollte sich harmonisch in den Garten einfügen und zusammen mit der Bepflanzung ein Teil des Gartens werden. Vor allem bei kleinen Gärten sollte man sich für eine Zaunart entscheiden und nicht verschiedene Systeme miteinander mischen.

Mauern – modern oder rustikal

Von Mauern umgebene Gärten haben von außen gesehen immer etwas Geheimnisvolles und wecken die Neugierde. Der Garten bleibt verborgen und beflügelt unsere Fantasie. Mauern bilden mehr als alle anderen Gartenelemente architektonisch geprägte Räume.

Mauern bieten ab einer gewissen Höhe Sicht-, Wind- und Lärmschutz. Von der Sonne beschienen, speichern sie die Wärme und können so auch an kühler werdenden Abenden für eine angenehme Temperatur sorgen. Deshalb plane ich gern Mauern an Sitzplätzen ein – sie verlängern die Zeit, die man im Freien nutzen kann. Umgekehrt ist ein südexponierter Sitzplatz, umgeben von weißen Mauern, an heißen Sommertagen ohne zusätzlichen Sonnenschutz nicht nutzbar. Zum einen wird er zu heiß und zum anderen durch die starke Lichtreflektion der weißen Wände zu hell.

Hohe Mauern bieten einen guten Schutz und schaffen selbst innerhalb belebter Städte ein Gefühl von Abgeschiedenheit und Geborgenheit. Sie können als ruhiger Hintergrund für eine abwechslungsreiche Bepflanzung dienen, aus ihnen kann über einen Speier Wasser in ein vorgelagertes Becken plätschern oder sie werden mit einem Kunstobjekt betont. Mauern sollten sich immer so harmonisch und natürlich in den Garten einfügen, dass sie nicht als Fremdkörper erscheinen, sondern eine Bereicherung darstellen. Hierbei sind vor allem drei Kriterien zu beachten:

- Das Material der Mauer muss in die Gesamtsituation passen.
- Ihre Höhe und Massivität soll in Proportion zum Gesamtentwurf stehen.
- Sie sollte mit Pflanzen in den Garten eingebunden werden.

Niedrige Mauern bilden Barrieren oder Einfassungen, staffeln den Garten in der Tiefe oder fangen Höhen auf und terrassieren ein schräges Gelände. Sie können als Sitzmauern dienen, Beete in rückenfreundliche Hochbeete verwandeln oder Wasser über verschiedene Ebenen fließen lassen. Niedrige Mauern sind bautechnisch weitaus unkomplizierter als hohe und bieten bei der Gartenplanung viel Spielraum.

Oben: **Eine Ziegelmauer umgibt diesen Stadtgarten und bildet den notwendigen Schutz für einen gemütlichen Platz zum Sonnen.**

Rechts: Vor der weißen Betonmauer hebt sich die weiche Form des Chinaschilfs besonders schön hervor. Die Mauer betont aber auch die Grenze.

Mitte: Gabionen sind mit Steinen gefüllte Gitterkörbe aus Metall. Sie finden zunehmend Eingang in die moderne Gartengestaltung.

Für Natursteinmauern

kann man entweder geschnittene, gespaltene oder gebrochene Steine verwenden. Die Auswahl der Steingröße ist abhängig von der gewünschten Wirkung: Für eine robuste und eher rustikale Trockenmauer sollte man weniger intensiv bearbeitete Steine verwenden; für kurze und häufig abknickende, fest verfugte Mauern in einem modernen Stadtgarten eher einen gut handhabbaren, kleinen und geschnittenen Stein. Die Optik der Natursteinmauer wird immer vom Zusammenspiel der Steinfarbe, der Steingröße und der Art der Verfugung bestimmt. Grundsätzlich passt sich ein Steinmaterial aus der Umgebung des Gartens eher harmonisch in den Garten ein als ein exotischer Stein. Will man aber eine bestimmte Atmosphäre im Garten schaffen, muss man auch das entsprechende Material dazu auswählen. So fügen sich beispielsweise alle gelblichen Sandsteine gut in mediterrane Gärten, und viele Granite passen gut zum asiatischen Gartenstil.

Klinker bzw. Ziegelsteine

sind mehr oder weniger hart gebrannte Tonerden. Ihre Farbe und Struktur kann von fest und glatt bis zu sandig porös reichen. Von hellgelblichen über alle rotbraunen Töne bis hin zu Grau und Braun sind alle Farben im Handel erhältlich. Klinkermauern wirken wohnlich und passen sich gut in Gärten ein. Will man einen passenden Stein zum bereits vorhandenen Stein des Hauses finden, sollte man darauf achten, dass nicht nur das Format und die Struktur übereinstimmen, sondern der Stein sowohl im trockenen wie auch im nassen Zustand die gleiche Farbe hat.

Beton

ist das am vielseitigsten verwendbare Material für Mauern. Es ermöglicht den Bau nahezu aller Formen. Fertigt man Mauern aus Ortbeton, d.h. schalt man die Wände ein und gießt sie vor Ort aus, kann man die Oberflächen mit den unterschiedlichsten Strukturen versehen, die sich aus der Oberfläche der Schalung ergeben. Betonmauern können daneben aber auch verputzt, gestrichen oder aber mit Naturstein und Klinker verkleidet werden. Außerdem sind die unterschiedlichsten Mauerfertigteile und Mauerelemente aus Beton erhältlich.

Mauern sind konstruktiv aufwändig: Sie benötigen ein ausreichend dimensioniertes Fundament und Aussteifungen oder Eckverbindungen für die Stabilität sowie bei größeren Längen schmale Dehnungsfugen, damit es bei leichten Absenkungen nicht zu Spannungen und Rissen in der Mauer kommt. Soll eine Mauer unter älteren Bäumen gebaut werden, ist genau zu prüfen, ob es überall möglich ist, einen Graben für das Fundament zu ziehen, ohne die Bäume zu schädigen. Ist der Wurzelraum zu stark betroffen, kann man erwägen, die Mauer auf statisch belastbare Punktfundamente zu gründen.

Hecken und Tore

Neben den Zäunen und Mauern bilden die Hecken das dritte lineare Element, das sowohl als Sichtschutz als auch als Einfassung dienen kann. Sie bieten außerdem vielen Vögeln, Kleinsäugern und Insekten einen geschützten Lebensraum.

Möchte man in Deutschland eine Hecke genau an die Grundstücksgrenze setzen, braucht man außerdem die Genehmigung (am besten schriftlich) der Nachbarn oder man hält die Grenzabstände aus dem Nachbarschaftsgesetz des entsprechenden Bundeslandes ein. Soll eine Hecke von vornherein als schützende Grenze fungieren, ist es ratsam, sie beispielsweise mit einem Maschendraht- oder Stabilgitterzaun zu ergänzen. Der Zaun wird hier nur für die Schutzfunktion benötigt. Er wächst mit den Jahren so ein, dass er unsichtbar wird und optisch verschwindet.

Da Hecken aus lebenden Pflanzen bestehen, muss man bei ihrer Planung stets den Standort berücksichtigen: Ist ausreichend Wurzelraum vorhanden? Bekommen die Pflanzen genügend Licht und Wasser oder stehen sie im Schatten- und Wurzeldruck älterer Bäume? Wie strahlungsintensiv ist die Lage? Außerdem sollte man bereits in der Planungsphase mit bedenken, dass eine Hecke üblicherweise zwei Mal im Jahr geschnitten wird. Hierfür muss nicht nur Zeit, sondern auch etwas Platz eingeplant werden, damit das Schnittgut ohne viel Mühe entfernt werden kann.

Typische Heckenpflanzen wie Eibe, Buche, Liguster, Hainbuche oder Buchsbaum zeichnen sich besonders durch eine Eigenschaft aus: Sie treiben auch bei stärkerem Rückschnitt aus dem »alten« Holz wieder aus und werden dicht und grün. Die so gern gepflanzten Lebensbäume, Scheinzypressen und Fichten haben diese Fähigkeit nicht. Sie müssen sehr regelmäßig und auch häufiger geschnitten werden, wenn man sie als schmale Hecke dauerhaft in Form halten will.

Links: **Das weiße Holztor, passend zu den Fenstern des Hauses gewählt, betont den Zugang in den Garten.**

Unten: **Der Garten wird von einer Hainbuchenhecke umgrenzt, Buchsbaumhecken fassen die Beete ein. Zusammen mit der Bepflanzung ergibt sich ein harmonisches Bild.**

Zu fast jedem Gartenstil gehört eine bestimmte Art von Gartentor. In alten Klostergärten findet man gotisch geschwungene Torbögen, in asiatischen Gärten markieren die kreisrunden, magisch wirkenden Mondtore den Eingang. In arabischen Gärten sind sie mit Spitzbögen überhöht und im Bauerngarten werden sie oft mit einem Rosenbogen versehen, der den Besucher mit Duft begrüßt.

Die Funktion von Toren im Garten kann sehr unterschiedlich sein. Vor dem Eingang schützt ein Tor das Grundstück und lässt nur willkommene Gäste herein. Als hinteres Gartentor verhindert es, dass die kleinen Kinder oder der Hund ohne Begleitung den Garten verlassen. Innerhalb des Gartens trennt ein Tor vielleicht den Spielbereich vom Wassergarten und dient so als Schutz- und Vorsichtsmaßnahme. Es kann aber auch einfach einen rein dekorativen Nutzen haben und als Blickfang dienen. Ein geöffnetes Gartentor wirkt wie eine Einladung zu einem Spaziergang im Garten, der man kaum widerstehen kann. Oft kann man durch die Auswahl der Materialien und der Einbindung mit Pflanzen schon ablesen, wohin es führt. Es erzählt quasi seine eigene Geschichte.

In jedem Fall sollte ein Tor von seiner Größe, Form, Materialauswahl und Farbe her auf die Art der Einfriedung, die Umgebung und das Haus abgestimmt sein und mit ihnen eine Einheit bilden. In vielen Situationen tritt es durch seine Farbigkeit oder stärkere, liebevolle Detaillierung hervor und betont damit den Zugang. Rank-, Mauer- oder Heckenbögen, vielleicht mit Kletterrosen oder Geißblatt bepflanzt, verstärken die Ausstrahlung zusätzlich.

Tore in hohen Zäunen, Mauern oder Hecken können auch zweigeteilt geplant werden, sodass man, um einen Ausblick zu haben oder ein Gespräch »am Gartenzaun« zu führen, nur den oberen Teil der Tür zu öffnen braucht. In jedem Fall ist zu beachten, dass z. B. ein Tor in einer Sichtschutzwand ebenfalls sichtdicht ausgebildet werden sollte.

Oben: **Die dicht geschlossene Holztür in der hohen Mauer lässt keine ungebetenen Besucher in den Garten hinein und verhindert den Blick auf die Straße.**

Außerdem ist darauf zu achten, was durch das Tor in den Garten hinein- und hinaustransportiert werden wird. Man sollte etwa prüfen, ob sich Rasenmäher und Schubkarre problemlos durchschieben lassen. Müssen auch größere Gerätschaften hindurchpassen, empfiehlt sich der Einbau eines zweiflügeligen Tores. Während der alltäglichen Benutzung wird nur ein Flügel geöffnet, wenn nötig, ermöglicht der zweite Flügel den gewünschten größeren Durchlass.

Punktuelle Gestaltungselemente

Um den Entwurf zu vollenden, wird der Plan nun mit einzelnen Objekten ergänzt, die an besonderen Punkten im Garten eingeplant werden. Sie geben dem Garten seine ganz individuelle persönliche Note und runden das Bild ab. Sie sollten sich in das Gesamtkonzept einpassen, dürfen durchaus auch einen bewussten Kontrast bilden, aber nicht völlig konträr sein. Stellt man fest, dass ein heiß geliebter Gegenstand, der unbedingt einen Platz im Garten finden soll, in das erarbeitete Konzept nicht hineinpasst, sollte man die Planung in einzelnen Punkten nochmals überarbeiten. Dies ist der enorme Vorteil einer gut durchdachten Planung: Hier kann alles so oft verändert und umgeplant werden, bis man mit dem Gesamtentwurf des Gartens absolut zufrieden ist und alle Wünsche und Bedürfnisse abgedeckt sind.

Für die Ausstattung des Gartens kann man aus einem umfangreichen Pool von Möglichkeiten schöpfen. Auf die nach meiner Erfahrung am häufigsten gewünschten und im Garten eingesetzten Einzelelemente soll auf den folgenden Seiten ausführlicher eingegangen werden. Darüber hinaus gibt es aber noch eine Vielzahl von Dingen, die zum eigenen Traumgarten gehören, die die eigenen Interessen, Hobbys oder die individuelle Lebensphilosophie widerspiegeln.

Unser Garten-Beispiel erhält jetzt den letzten Schliff: Trittsteine durch das Wasserbecken, ein Wasserspeier am Brunnen auf der Terrasse, eine Skulptur vor der Hecke, das Gartenhaus für die Geräte und Töpfe, sowie Kübelpflanzen, Möbel und eine Pergola vervollständigen das Gesamtergebnis.

Spiel- und Sportgeräte im Garten sind für viele unverzichtbar. Dies beschränkt sich nicht auf eine gewisse Altersgruppe, sondern bezieht alle Generationen mit ein. Eine hohe schmale Schaukel, vielleicht romantisch mit einer Kletterrose umrankt, bildet nicht nur einen schönen Blickpunkt im Garten, sondern lädt auch Erwachsene jeden Alters zum Entspannen und Träumen ein. Ob es eine Tischtennisplatte, eine Zielscheibe fürs Bogenschießen, ein Loch zum Einputten oder ein Basketballkorb ist, sie alle dienen so manchen privaten Turnieren, halten fit und machen Spaß.

Auch für die Haustiere kann im Garten ein passender Platz eingeplant werden: Vom Kaninchen- oder Hühnerstall mit Freilauf bis hin zur Voliere für exotische Vögel oder Streifenhörnchen, vom Teich für Koi-Karpfen bis zum Freiluftterrarium für Schildkröten – in Hausgärten findet man die ausgefallensten Tierarten, die ihren Besitzern viel Freude bereiten.

Solitärpflanzen

Einzelne Bäume, Großsträucher, stattliche Gräser oder markante Stauden sind prägende Gestaltungselemente im Garten. Diese Pflanzen setzen optische Akzente. Bei der Planung muss man prüfen, ob vorhandene Pflanzen hierzu dienen können oder ob neue eingeplant werden sollten. Steht z. B. eine große Zaubernuss im hinteren Gartenteil, eng umstanden von weniger attraktiven Gehölzen, könnte sie freigestellt werden. Vom Wohnzimmerfenster aus zu sehen, zieht sie mit ihrer goldgelben Blüte ab November den ganzen Winter hindurch die Blicke magisch an.

Ein größerer, locker aufgebauter Strauch wie z. B. eine Prachtglocke *(Enkianthus campanulatus)*, direkt zwischen Terrasse und Rasenfläche gepflanzt, kann eine optische Trennung herstellen und dem Garten hierdurch Tiefe geben.

Auch der Wunsch nach Beschattung und Sichtschutz kann von Bäumen oder ausladenden Großsträuchern erfüllt werden. Ist beispielsweise der im hinteren Gartenbereich geplante Sitzplatz von einem oberen Fenster des Nachbarhauses aus einsehbar, kann in dieser Sichtachse im Hochbeet davor ein Essigbaum gepflanzt werden, dessen schirmförmige Krone Schutz vor neugierigen Blicken bietet und gleichzeitig eine gemütliche Atmosphäre schafft. Da der Sitzplatz im Winter nicht genutzt wird, muss man hier keine immergrüne Pflanze einplanen.

Bei der Auswahl sollte man sich vor allem überlegen, welche Größe die ausgewachsene Pflanze maximal haben darf und welcher Charakter oder welche Wirkung von ihr erwartet wird. Nach diesen Kriterien erstellt man eine Liste passender Pflanzen und entscheidet sich im Rahmen der Bepflanzungsplanung für die am besten geeignete.

Oben: **In ausgewachsenem Stadium wird die Krone des Weißdorns den Blick auf das Nachbarhaus gut verdecken.**

Mitte: **Die Gold-Ulme (*Ulmus × hollandica* 'Wredei') an der Nordfassade täuscht mit ihren leuchtend gelben Blättern warmes Sonnenlicht vor.**

Unten: **Als reizvolle Solitärstaude im mediterranen Garten eignet sich der bis 2,50 m hoch werdende Federmohn *(Macleaya cordata)* mit seinen unverwechselbaren, attraktiven Blättern.**

Pergolen, Lauben, Gartenhäuser

Möchte man vor Sonne und Regen geschützt im Garten sitzen können und zusätzlich einen attraktiven und einladenden Blickpunkt schaffen, bietet es sich an, den Gartensitzplatz mit einer berankten Pergola, einer offenen Laube oder einem Gartenhaus zu versehen.

Die Version, die am einfachsten und mit dem wenigsten Aufwand etabliert werden kann, ist die Pergola. Sie kann aus Holz, Schmiedeeisen, Zink, Corten- oder Edelstahl gefertigt sein oder aus einer Kombination verschiedener Materialien bestehen. Für mediterrane Gärten eignen sich schmale Steinstelen als Stützen, auf die Querhölzer aufgelegt werden. Alle Pergolen bzw. Rankbögen sind offen, können mit passenden Pflanzen berankt werden, bieten einen beschatteten Raum, aber keinen Schutz vor Regen.

Links: **Ein Bogen aus Schmiedeeisen überspannt den vorderen kleinen Sitzplatz und wirkt zusammen mit dem zweiten Bogen dahinter fast wie ein Laubengang.**

Wünscht man sich einen Sitzplatz im Trockenen, kann eine Gartenlaube die ideale Variante darstellen. Hier lässt sich auch nach einsetzendem Nieselregen der Rest des Abends entspannt genießen und man kann die besondere Atmosphäre auf sich wirken lassen. Die Größe der Laube ist abhängig von der Art der Nutzung und von den Proportionen des Gartens in seiner Gesamtheit.

Ein richtiges Gartenhaus ist die optimale Lösung, wenn man auch im Winter den Sitzplatz im Garten nutzen möchte und nach einem abgeschiedenen Raum sucht, in dem man Ruhe und Besinnung findet. Je nach Größe kann es als kleiner Ruhe- und Leseplatz, als Atelier, als Musikzimmer oder als Herrenzimmer für rauchige Skatabende genutzt werden und im Notfall auch als Gästehaus dienen. Werden Gartenhäuser mit viel Glasfläche ausgestattet, wirken sie eher wie ein Wintergarten oder Gewächshaus. Zunehmend im Trend liegt das Gartenhaus, das als Außensauna ausgebaut wird und vor allem im Winter zum Schwitzen einlädt.

Gleichgültig ob Pergola, Laube oder Gartenhaus – wichtig ist vor allem, dass sich das »Bauwerk« harmonisch in den Garten einfügt. Es sollte ein Teil des Gartens sein und den Stil des Gartens betonen. In einen asiatisch anmutenden Garten passt ein japanisches Teehaus hervorragend, in einem ländlichen Garten wäre es hingegen völlig fehl am Platz. Auch die Farbwahl ist sehr wichtig: Kleine Lauben und Gartenhäuser, die als Blickpunkt dienen sollen, können intensiv gestrichen werden und deutliche Farbakzente schaffen. Größere Häuser wirken – dezent gestaltet und zurückhaltend gefärbt – weniger dominant und ordnen sich besser in den Gartenraum ein.

Vor dem Bau eines Gartenhauses sollte man sich über die geltenden Bestimmungen der Landesbauordnung informieren. Sie gibt vor, ab welcher Größe eine Baugenehmigung eingeholt werden und wie viel Abstand zum Nachbarn gewahrt werden muss.

Links: **Ein japanisches Teehaus, durch die rote Farbe zusätzlich hervorgehoben, beherrscht den Garten.**

Rechts: **Ein abgeschiedener Ort zum Träumen und Entspannen: Das Baumhaus wirkt romantisch und fast unwirklich märchenhaft.**

Skulpturen – von Kunst bis Kitsch

Jeder Gartenraum bietet Platz für Skulpturen. Sie fangen den Blick ein und ziehen ihn auf sich, setzen Akzente und lenken von weniger attraktiven Punkten ab. Sie betonen den Charakter des Gartens auf eine ganz besondere Art und Weise.

Ist zu Beginn der Planung bereits bekannt, dass eine ganz bestimmte Skulptur mit in den Garten integriert werden soll, kann für sie ein Platz und ein passendes Umfeld eingeplant werden, das sie optimal zur Wirkung bringt. Optimal heißt in diesem Zusammenhang aber immer, dass sie in einer guten Proportion zur Gesamtgestaltung und zur Vegetation steht und nicht den Garten beherrscht. Umgekehrt ist es auch möglich, im Entwurf einen oder mehrere Plätze für Skulpturen zu kennzeichnen und mit der Zeit die geeigneten Objekte für diese Positionen zu finden oder vielleicht sogar selbst zu entwerfen. So wird der Garten zur Privatgalerie.

Eine Skulptur kann abstrakt oder naturgetreu, modern oder klassisch, auffällig oder dezent, glitzernd spiegelnd oder matt, bunt kitschig oder archaisch, volkstümlich oder technisch, ernst oder humorvoll sein... Was zu Ihnen und in Ihren Garten passt, können nur Sie selbst entscheiden. Wählt man Skulpturen für den Garten aus, sollte man darauf achten, dass sie wetter- und frostbeständig sind, sich vom Material und der Farbe her in den Garten einpassen und ihn unterstreichen, aber nicht unruhig machen. Von einer wahllos gemischten Ansammlung von Skulpturen rate ich ab, da hiermit eine eher negative Wirkung erzielt wird.

Je nach Situation, Umfeld und beabsichtigter Wirkung kann eine Skulptur in der Mitte einer geometrischen Fläche, am Ende einer Achse oder leicht versteckt als Akzent in einer Pflanzung platziert werden. Mit ihr lässt sich sowohl der gewählte Charakter des Gartens betonen als auch ein gewollter deutlicher Kontrast bilden. Ein besonderer Effekt entsteht, wenn man gegenüber einer Skulptur einen Spiegel positioniert und sie auf diese Weise mehrfach im Garten betrachten kann.

Oben: **Die Nachbildung der antiken Plastik steht in reizvollem Kontrast zu der locker beschwingten Blumenwiese.**

Modern

Kraft und Bewegung strahlt diese moderne Skulptur aus Cortenstahl aus, die in schönem Kontrast zu der wild wuchernden Wiese steht. Fast sieht es so aus, als wäre sie schon immer dort gewesen. Kunstwerke wie dieses gibts nicht im Baumarkt, sondern bei speziellen Versendern oder direkt beim Künstler.

Filigran

Diese lockeren und beweglich erscheinenden Skulpturen aus Edelstahl wirken wie überdimensionale Blüten- oder Fruchtstände und scheinen sich der Sonne entgegenzustrecken. Je nach Stand der Sonne werfen sie interessante Schatten auf den Rasen und lassen die Waldlichtung zur Bühne werden.

Archaisch

Holzskulpturen wie aus einer fremden Kultur, dunkel, geheimnisvoll und mystisch. Sie passen gut in eine schattige Gartennische. Aber auch in einem exotischen Garten mit Palmen, Bambus und großblättrigen, üppig wachsenden Stauden könnten sie ihre besondere Ausstrahlung entwickeln.

Bunt

Wie eine stolze Königin thront die Skulptur in einer Gartenecke. Das blausilber glitzernde Mosaik wird vom silbernen Laub der Bepflanzung aufgenommen.

Plastisch

Diese ausdrucksstarke Skulptur aus Speckstein, die wie eine Momentaufnahme wirkt, strahlt Ruhe und Sinnlichkeit aus und zieht den Blick in ihren Bann.

Tische, Bänke, Stühle ...

Es ist kein großer Unterschied, ob man Möbel für den Garten oder fürs Haus aussucht – die Kriterien sind in beiden Fällen die gleichen: Die Möbel sollten zum Stil des Gartens und in die Umgebung passen, und sie sollten den an sie gestellten Anforderungen gerecht werden.

Für jede Stilrichtung findet man die geeigneten Möbel: Liegt der Garten eher im ländlichen Umfeld und ist von Buchsbaum, Staudenrabatten und Obstgehölzen geprägt, wird die Auswahl der Möbel anders aussehen, als wenn wir einen modern gestylten Stadtgarten ausstatten wollen. Hat man sich bei der Planung für eine monochrome Farbgebung entschieden, etwa für einen blauen Garten, kann die Möblierung dieses Konzept noch unterstreichen.

Erst ein stilvoll möblierter Garten entfaltet seine volle Ausstrahlung. Die Möbel laden zum Verweilen ein und ermöglichen den bequemen Aufenthalt im Freien. Dabei ist es nicht so wichtig, ob wir uns auf unserem Rundgang durch den Garten auf einen Sitzstein am Teich, eine schlichte Holzbank im Schatten oder auf ein Design-Sofa aus Kunststoff setzen können. Wichtig ist es, einen Sitzplatz mit einem anderen Blickpunkt zu haben, der die Möglichkeit zum Innehalten bietet, und dass sich jedes Möbelstück optimal in den Garten einfügt.

Die Möblierung trägt maßgeblich zur Atmosphäre des Gartens bei. Ein Garten mit graulaubigen Gräsern, einigen Strauchrosen und einer großen gelblichen Kiesfläche wird – möbliert mit einem Strandkorb – maritim und nordisch wirken, während er mit schlichten modernen roten Möbeln und einem rotem Sonnenschirm eine ganz andere Stimmung vermittelt. Bei der Farb- und Materialauswahl der Möbel bzw. der Stoffe für die Auflagen sollte man vor allem darauf achten, dass sie zu den Materialien von Haus und Garten, zu den Blütenfarben in den Beeten und zur Inneneinrichtung der angrenzenden Räume passen. Besonders die Möbel auf der hausnahen Terrasse stehen im engen Bezug zur Innenausstattung und beide sollten aufeinander abgestimmt sein.

Oben: **Die Dachterrasse dieses Penthouses ist – passend zur Gesamtwirkung – mit schlichten, leichten Liegen in modernem Design ausgestattet.**

- Möchten Sie vielleicht einen müßigen Abend in beweglichen Möbeln wie einer Hängematte, einer Schaukelbank oder einem Schaukelstuhl genießen?
- Benötigen Sie für eine Sitzecke einen fest installierten oder mobilen Sonnenschirm oder soll der Sitzplatz mit Markise oder Sonnensegel schattiert werden?
- Wie viele Pflanzkübel brauchen Sie auf der Terrasse oder als Einrahmung einer dekorativen Bank im Garten?
- Soll ein Möbelstück vor allem eine dekorative Wirkung haben, als unausgesprochene »Einladung«, im Garten Platz zu nehmen, oder um den Stil des Gartens besonders zu betonen?
- Und was darf die Gartenmöblierung kosten? Soll sie qualitativ hochwertig und langlebig sein oder soll sie nur für eine gewisse Zeit genutzt und später durch eine andere ersetzt werden?

Da Möbel in aller Regel variabel und leicht transportierbar sind, ist hier aber ruhig ein wenig Geduld geboten. Der Garten muss nicht unbedingt direkt nach der Neuanlage schon perfekt möbliert sein. Es ist sogar sehr reizvoll, den Garten nach und nach auszustatten.

Vor dem Möbelkauf

Vor dem Möbelkauf sollte man sich genau über die gewünschten Eigenschaften Gedanken machen. Eine Vielzahl von Fragen sind vorab zu klären:

- Welche Art von Gartenmöbeln benötige ich im Garten?
- Wie groß ist der Platz und wie will ich diesen Platz nutzen?
- Bleiben die Möbel ganzjährig draußen oder werden sie nur für die Sommersaison hinausgestellt?
- Werden sie im Winter eingelagert, und wenn, wo?
- Sollen die Möbel eher schlicht und funktional sein oder gemütlich und bequem?
- Für wie viele Personen soll der Tisch auf der Terrasse ausgelegt sein? Soll er immer diese Größe haben oder flexibel ausziehbar sein?
- Wollen Sie mit den Möbeln oder ihren Auflagen Farbakzente setzen oder sollen sie sich eher dezent in den Garten integrieren?

Oben: **Ein kleiner Sitzplatz in einer klassischen Gartensituation: Die Teakmöbel wirken filigran und können, wenn gewünscht, auch ganzjährig im Garten stehen.**

Mitte: **Die Möbel sind in diesem modernen Garten harmonisch aufeinander abgestimmt.**

Unten: **Eine Hängematte unter Schatten spendenden Bäumen ist für einen Mittagsschlaf wie geschaffen.**

Beispiel 1: Ein quadratisches Grundstück

Damit die Theorie der Entwurfsplanung anschaulicher wird, stelle ich Ihnen nun drei Beispiel-Entwürfe für unterschiedlich geschnittene Grundstücke vor. Sie setzen sich alle aus flächigen, linearen und punktuellen Gestaltungselementen zusammen und bilden ein harmonisches, in sich stimmiges Gesamtbild.

Die Ausgangslage vor Ort ist im ersten Beispiel ein frei stehendes Einfamilienhaus in einer Kleinstadt, umgeben von weiteren Gärten. Das Grundstück fällt vom Haus zur hinteren Grenze um ca. 1,20 m ab. Zum rechten Nachbarn existiert eine dicht geschlossene Hecke, zum linken wird Sichtschutz gewünscht. Da der nach hinten angrenzende Garten deutlich tiefer liegt, soll in Teilbereichen ein Blick in die Landschaft freigehalten werden.

Der Garten ist durch den stark geneigten Geländeverlauf schlecht nutzbar. Aus diesem Grund wird eine Umgestaltung gewünscht. Im Zuge der Neuplanung sollen ein Pool und mehrere Sitzbereiche berücksichtigt werden. Des Weiteren wünschen sich die Eigentümer einen attraktiven Blickpunkt aus der Sauna und eine ansprechende Wirkung vom intensiv genutzten Balkon im ersten Stock.

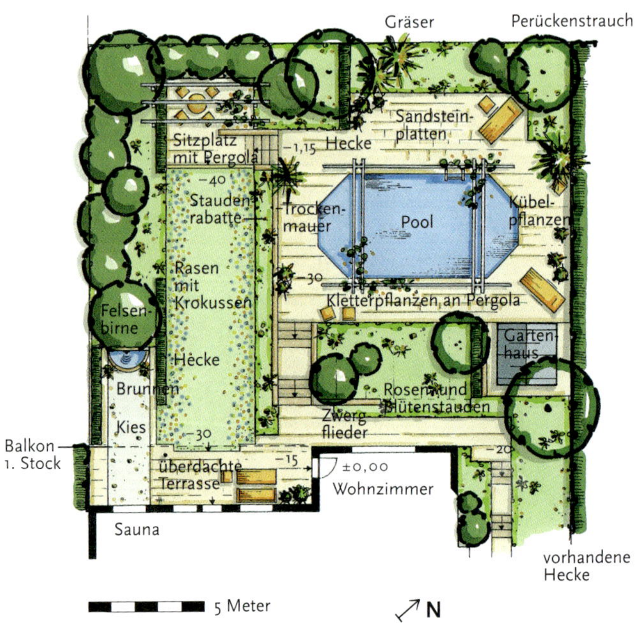

Dieser fast quadratische Garten besteht aus verschiedenen Räumen, die unterschiedlich genutzt werden und ihn groß und abwechslungsreich erscheinen lassen. Die verschiedenen Terrassen oder Flächen unterstreichen diese Wirkung.

Um die Größe des Grundstücks optimal auszunutzen, wird der Garten in verschiedene Ebenen gestaffelt. Am Haus liegt eine überdachte Terrasse auf gleicher Höhe mit dem Wohnzimmer. Sie bietet genug Platz für eine Tafel mit zehn bis zwölf Personen. Ein Weg führt von hier am Haus entlang und über eine recht steile Treppe zur Straße. Die an die Terrasse angrenzende Rasenfläche liegt eine Stufe tiefer. Die Rasenfläche ist bewusst schmal und lang ausgebildet, um den Blick auf den Sitzplatz am anderen Ende zu lenken. Der Rasen bietet Platz zum Sonnen und Boule spielen und bildet einen grünen Teppich, der im Frühling mit blühenden Krokussen übersät ist. Die Pergola über dem Sitzplatz sorgt für Schutz und Geborgenheit. Neben dem Rasen führen sechs Stufen zum tieferen Gartenniveau. Hier befindet sich der Pool, umgeben von einer Fläche aus Sandsteinplatten. Sie bietet Platz für Liegen und Kübelpflanzen und lädt im Sommer zum Relaxen ein. Der geheizte Pool wird auch im Winter täglich genutzt und ist mit einer Unterwasserbeleuchtung ausgestattet. Ein großer »Deckel« lässt sich an der Pergola entlang über die Wasserfläche schieben, damit nicht zu viel Energie verbraucht wird.

Die Heckenelemente strukturieren den Garten, schaffen Räume und Sichtschutz und bilden das immergrüne Grundgerüst. Sie führen vom Haus weg in die Tiefe. Von der Sauna fällt der Blick auf einen kleinen Brunnen, der am Ende einer schmalen Achse aus Kies in einer verborgenen Nische platziert ist. Er wird im Dunkeln indirekt ausgeleuchtet: Dies schafft eine ganz besondere Stimmung.

Die einzelnen Ebenen werden mit Hilfe von Trockenmauern abgestützt, in deren Fugen eine Vielzahl von Mauerpflanzen wachsen. Das Gartenhaus beherbergt sowohl die Pooltechnik als auch die Gartengeräte und schafft außerdem Sichtschutz zur Straße. Die rechtwinklige Anordnung ist auf das Haus ausgerichtet und ermöglicht eine intensive Ausnutzung der vorhandenen Fläche.

Durch die Anordnung der Pflanzflächen wurden die diagonalen Blickrichtungen bewusst freigehalten. Dennoch ist der Garten nicht auf einen Blick überschaubar, sondern will entdeckt werden. Einige kleine Bäume und Großsträucher bilden den grünen Rahmen. Sie sind von der Blütenfarbe und -zeit her aufeinander abgestimmt. Eine schmale Staudenrabatte entlang des Rasens und die umgrenzenden Beete am Pool bieten Platz für üppig blühende Rosen und Stauden. Die dominierenden Blütenfarben sind Lila, Blau, Weiß und Gelb. Das Laub ist vorwiegend silbrig grau. Im Winter behält der Garten seine Struktur durch die prägenden immergrünen Hecken und die Sträucher.

Als Stein wird hier ein Sandstein verwendet, da aus ihm sowohl die Plattenflächen als auch Stufen und Trockenmauern gefertigt werden können und der gelblichgraue Farbton für eine sonnige und freundliche Atmosphäre sorgt. Um den Pool auch im Dunkeln nutzen zu können, strahlen kleine Leuchten die Treppe an. Eine Unterwasserbeleuchtung und eine Gegenstromanlage ermöglichen zu jeder Jahreszeit das allmorgendliche Schwimmvergnügen.

Dieser Entwurf schafft auf kleinstem Raum eine Vielzahl möglicher Nutzungen, ohne überladen oder unruhig zu wirken: Er lädt zum Schwimmen ein, zu einem Sonnenbad oder zur Zeitungslektüre, bietet aber auch genügend Platz für größere Sommerfeste.

Beispiel 2:
Ein schmales Grundstück

Ein solches Gartengrundstück sollte mehr wie ein zusätzliches Zimmer betrachtet und entsprechend gestaltet werden. Idealerweise bildet es das ganze Jahr über eine attraktive Kulisse und bietet aus jedem der angrenzenden Räume besondere Blickpunkte.

Die Ausgangssituation zeigt eine große, gleichmäßig breite Terrasse, die an der gesamten Längsfront einschließlich Garage liegt. An die Terrasse grenzt eine Pflanzung aus Rhododendren, Rosen, Ziersträuchern und verschiedenen Blütenstauden. An der südlichen Grenze steht eine sehr schön gewachsene Magnolie, an der nördlichen bildet eine ca. 8 m hohe Fichtengruppe den Sichtschutz zum Nachbarn. An der langen Grundstücksgrenze gibt es nur einen niedrigen Maschendrahtzaun ohne Sichtschutz zum Haus und Garten des Nachbarn, in dem viele höhere Bäume stehen. Diese beschatten ab dem frühen Nachmittag den kleinen Garten.

Der Garten ist auf die Zimmereinteilung des Hauses zugeschnitten. Die große Terrasse liegt vor dem Wohnzimmer, die kleinere abgesenkte Sitzecke vor der Küche und der Rasengarten vor dem Arbeitszimmer. Große Gräser-Hecken trennen die Räume voneinander.

Die neuen Eigentümer wünschen sich einen abwechslungsreichen Garten mit einer Rasenfläche für die Kinder und Platz zum Spielen. Unterschiedlich große Aufenthaltsplätze und Sichtschutz zu den Nachbarn stehen im Mittelpunkt. Zudem soll sich der Umbau des Gartens in einem realistischen finanziellen Rahmen halten.

Der Entwurf baut auf ein rechtwinkliges Grundraster auf, das zur klaren Architektur des Hauses passt. Vor dem Wohnzimmer liegt die Hauptterrasse mit dem Sitzbereich. Sie wird von einer ca. 50 cm hohen Trockenmauer mit Hochbeet eingefasst. Dies schafft eine geborgene Atmosphäre und durch die Bepflanzung einen optimalen Sichtschutz zu den Nachbarn. In der ersten Ausbauphase wird die Technik für einen kleinen Quellbereich aus der Trockenmauer vorgesehen. Die Umwälzpumpe und das Wasserbecken sind später jederzeit nachrüstbar. Der kleine Bereich seitlich des Wohnzimmers bietet einen abgeschiedenen und schattigen Platz für eine Skulptur. Sie ist ein wichtiger Blickfang aus dem Wohnzimmer und wird abends dezent beleuchtet.

Da unter der alten Terrasse eine etwa 3 m breite massive Betonplatte liegt, werden nur im Eckbereich und zwischen der Küche und dem Wohnzimmer kleine Bereiche aufgestemmt, um Pflanzen zu etablieren. Ein halbtransparenter, ca. 1,80 m hoher Holzzaun, der mit Kletterpflanzen bestückt nach einiger Zeit blickdicht ist, bildet die Grenze zum hinteren Nachbarn und trennt die große Terrasse von dem eine Stufe tiefer liegenden gepflasterten Platz vor der Küche, der sich gut zum Aufstellen von Sandkasten, Planschbecken und Minirutsche eignet.

Eine weitere Stufe führt zum Rasen hinunter, an dessen Ende ein Platz für die Hängematte vorgesehen ist. Die vorhandenen Fichten dienen als Befestigungspunkte. Damit der Blick vom Frühstücksplatz gelenkt wird, strukturieren Hecken aus lockeren Gräsern die Pflanzung. Der ursprünglich ebene Garten erhält durch die verschiedenen, durch Stufen getrennten Bereiche deutlich mehr Spannung. Möglich war diese Abstufung, weil die Nachbargrundstücke etwas tiefer angrenzen.

Alle »Gartenzimmer« sind den Räumen im Haus zugeordnet und weisen unterschiedliche Pflanzenkombinationen auf. Um das Wohnzimmer herum prägen die vorhandene Magnolie sowie Bambus, Azaleen und schattenverträgliche Stauden das Bild. Der Gartenraum vor der Küche – der sonnigste Part – bietet Platz für Rosen, Lavendel und verschiedene Küchenkräuter. Der hintere Rasengarten ist mit robusten Pflanzen wie Flieder, Maiblumenstrauch, Kolkwitzie sowie Frauenmantel und Storchschnabel umgrenzt. Unter den Fichten sollen Walderdbeeren und Farne den Boden bedecken.
Die vorherrschenden Blütenfarben des Gartens sind Rosa, Pink, Violett und Weiß. Auf gelbe Blüten wurde auf Wunsch der Bauherren bewusst verzichtet. Im Herbst färben sich die Gehölze gelb und orange, sodass eine besondere Atmosphäre entsteht.

Beispiel 3:
Ein dreieckiges Grundstück

Um zu verdeutlichen, dass auch ungewöhnliche Formen einen großen Reiz für die Gartengestaltung haben können, habe ich dieses spitz zulaufende Grundstück ausgewählt. Es liegt am Rand einer Einfamilienhaus-Siedlung und bildet die »Restfläche« zur angrenzenden landwirtschaftlichen Nutzung.

Vom Haus aus betrachtet, besteht der Garten aus zwei Räumen. Der Gartenhof aus Holzterrasse, Wasserbecken und Pflasterflächen liegt in Sichtweite vom Ess- und Wohnzimmer. Der »Blaue Garten« mit seiner ovalen Rasenfläche ist vom Haus aus nicht einsehbar und bietet ungestörten Gartengenuss.

Die Ausgangssituation ist vor allem von großen Tannen, Fichten und Birken geprägt. Ursprünglich gepflanzt, um den Garten optisch von den Feldern im Hintergrund abzugrenzen, beschatten sie heute massiv den Garten. Die Restflächen bestehen aus Rasen, der stark mit Wildkräutern und Moos durchsetzt ist. Die Terrasse, in der Hausnische gelegen, ist nahezu isoliert vom restlichen Garten. Es gibt keine besonderen Blickpunkte und bis auf eine Magnolie, eine Blutpflaume und einen Goldregen keine blühenden Pflanzen. Der Garten wirkt trotz der schönen Lage dunkel und hat keinen Ausblick in die freie Landschaft.

Die neuen Eigentümer wünschen sich mehr Licht und Transparenz sowie verschiedene Sitzplätze, die entsprechend dem Sonnenstand genutzt werden können. Der Rasen soll auf den Bereich reduziert werden, der genügend Licht erhält, um langfristig pflegeleicht zu sein. Ein Teich oder ein Wasserbecken, wenn möglich im Sichtbereich von Wohn- und Esszimmer, soll ein prägender Bestandteil des Gartens sein und mit Zierfischen besetzt werden. Außerdem ist den Gartenbesitzern wichtig, dass zu jeder Zeit etwas im Garten blüht und dass alle Jahreszeiten erlebbar sind. Gewünscht wird insgesamt die Atmosphäre eines Landhaus- oder Bauerngartens. Da beide Besitzer gern im Garten arbeiten, können abwechslungsreiche Staudenrabatten eingeplant werden.

Der Entwurf unterteilt den Garten in drei Hauptbereiche: die Terrasse mit dem Wasserbecken, den dreieckigen Schattengarten und den staudenreichen, sonnigen »Blauen Garten«. Durch die Lage der Terrasse in der Nische des Hauses entsteht der Charakter eines Innenhofes. Kletter- und Kübelpflanzen begrünen diesen Bereich, an den das über die ganze Länge der Fassade reichende Wasserbecken grenzt. Es ist mindestens 80 cm tief und bietet sowohl Platz für See-

rosen als auch für Goldfische oder Kois. Damit die Wasserqualität stets gewährleistet werden kann, werden ein Skimmer und eine Filteranlage direkt mit eingeplant.

Der Schattengarten besteht aus geklinkerten Flächen, die mit einer Stufe strukturiert werden. In der Blickachse von der Terrasse aus steht sommers wie winters eine Bank, die zum Sitzen einlädt und auch eingeschneit ihren Reiz hat. Der abgesenkte Bereich bietet Platz für eine Sitzecke im Schatten, die an heißen Tagen herrlich kühl ist. Umgeben ist dieser Bereich mit Schatten liebenden Stauden, die weiß, rosa und lila blühen, sowie Farnen und Gräsern.

Der »Blaue Garten« wird geprägt von einer fast kreisrunden großzügigen Rasenfläche und dem Blick in die freie Landschaft. Am Ende der Rasenfläche, in der Pflanzung verborgen und von schützenden Wänden umgeben, ist eine Terrasse geplant, die durch ihre Ausrichtung gen Süden und den Dachüberstand der Garage bereits früh im Jahr ausgiebig genutzt werden kann und selbst an Herbstabenden noch warm genug sein wird. Mit einem Heizstrahler unter dem Dach kann diese Zeit zusätzlich ausgedehnt werden.

Die Bepflanzung setzt sich aus einer Fülle fast ganzjährig blau blühender Stauden zusammen, die auch für die Vase geschnitten werden können. Hier sind besonders Rittersporn in verschiedenen Sorten, hohe Glockenblumen, Salbei, Zierlauch, Lupinen, Eisenhut und Astern zu nennen. Ein mit Clematis beranktes Gartenhaus bietet Platz für Gartengeräte, Blumenerde und -töpfe und begrenzt außerdem den seitlichen Eingang in den Garten.

Gartenstil
& Atmosphäre

> 3. Schritt

Atmosphäre schaffen – aber wie?

Jeder Einzelne empfindet Räume und Situationen unterschiedlich, bewertet sie subjektiv aufgrund seiner eigenen Art der Wahrnehmung und seiner persönlichen Entwicklung bzw. Erfahrung. Wollen wir im Garten bewusst eine bestimmte Atmosphäre schaffen, sollten wir alle Sinne ansprechen: ein Terracotta-Topf macht keinen toskanischen Garten – erst wenn es überall nach Lavendel und Pinien riecht, die Grillen abends zirpen, die graulaubigen Stauden im Kies an die karge Sommerlandschaft im Süden erinnern und wir ein Glas guten Rotwein auf der Terrasse genießen, umgeben von Wänden, die die Wärme des Tages abstrahlen, scheint die italienische Landschaft greifbar nah.

Bei der Gartengestaltung geht es daher auch immer zentral um die Frage der gewünschten Atmosphäre. Es kommt auf die richtige Kombination von Formensprache, Material, Bepflanzung, Architektur und Umgebung an, nicht auf eine Ansammlung von Ausstattungsgegenständen. Dazu steht uns heute mehr denn je ein großes Repertoire zur Verfügung. Um herauszufinden, welcher Gartenstil am besten passt, muss man sich ausreichend Zeit nehmen, denn die Fülle verschiedener Möglichkeiten macht eine klare Entscheidung oft schwer.

Grob kann man die Stile aufteilen in:

- kunsthistorische Stilformen wie z. B. Renaissance- oder Barockgärten, Landschaftsgärten, mittelalterliche Klostergärten oder kubistische Gärten
- von der Umgebung geprägte Stile wie z. B. den Bauerngarten, den urbanen Innenhof, den Dachgarten usw.
- nationale Gartenstile wie z. B. den chinesischen Garten, den amerikanischen Kolonialstil, den japanischen Garten oder den englischen Cottagegarten
- von der Landschaft geprägte Stile wie z. B. den provençalischen Garten, skandinavische Gärten, Heidegärten oder exotische Dschungelgärten.

Oben: **Durch die Kombination von Farbe, Material, Ausstattung und Pflanzen entsteht eine exotisch angehauchte Atmosphäre.**

Der Bauern- & Cottagegarten

Im ländlich geprägten Umfeld und bei einem landschaftlich geprägten Baustil bietet sich die Planung eines traditionellen Bauerngartens an. Er ist durch seine heitere, bunte Ausstrahlung und sein Gemisch aus Zier- und Nutzpflanzen keineswegs eine vom Aussterben bedrohte Art. Im Gegenteil: Im Zeitalter von genmanipuliertem, überdüngtem und mit Fungiziden und Herbiziden gespritztem Obst und Gemüse wünschen sich viele die sonnengereifte Tomate aus eigener Anzucht oder auch Äpfel, Birnen, Pflaumen oder Aprikosen vom eigenen Baum.

Allerdings eine Warnung vorweg: Der Bauerngarten ist kein pflegearmer Garten, sondern erfordert je nach Größe zu jeder Jahreszeit das volle Engagement eines oder mehrerer Gärtner. Hat man Spaß an der Gartenarbeit und bietet sie vielleicht den so notwendigen Ausgleich zum alltäglichen Bürojob, kann der eigene Bauerngarten zum privaten Paradies werden. Als ich vor einiger Zeit eine ältere Dame, die einen großen Bauerngarten in der Nähe von Trier allein bewirtschaftet, fragte, ob sie denn auch Zeit hätte, den Garten neben der vielen Arbeit zu genießen, sagte sie mit einem leichten Unverständnis: »Die Arbeit im Garten ist mein Genuss!« Dies war dem üppig blühenden und liebevoll angelegten Garten auch deutlich anzusehen.

Vom Bauern- zum Cottagegarten sind die Übergänge heute fließend. Während man in traditionellen Bauerngärten eher die regional beliebten und standorterprobten Gehölz- und Staudensorten findet, ist der Cottagegarten ein englisches Exportprodukt, in dem vor allem eine reichhaltige Auswahl verschiedenster Staudenzüchtungen zu finden ist. Mit etwas Experimentierfreude und Spaß am Lesen von Pflanzenliteratur kann man aber viele der im milden englischen Klima gedeihenden Pflanzen auch bei uns im Garten etablieren.

Links: Das klassische norddeutsche Bauernhaus mit seinem riedgedeckten Dach bildet den Hintergrund für ein buntes Beet aus blühenden Sträuchern, Stauden und einjährigen Sommerblumen.

Gemeinsam ist beiden Gartentypen der eher geometrische und klar gegliederte, übersichtliche und praktische Grundriss sowie die Verwendung von schlichten, einfachen und naturbelassenen Materialien. Dies schließt nicht aus, dass der Holzzaun mit Liebe zum Detail gefertigt wird oder der Klinkerweg ein aufwändig zu verlegendes Muster erhält. Außerdem findet man bestimmte typische Pflanzen wie Buchsbaum, Rosen und Hortensien in beiden wieder, allein die Artenvielfalt und Zusammensetzung variiert.

Bauern- und Cottagegärten laden beim Spaziergang zum Fühlen, Riechen und Schmecken nahezu ein und verzeihen bei ihrem Blütenreichtum auch das Schneiden eines großen Blumenstraußes für die Vase. Daher sollte man bei der Planung der Bepflanzung besonders darauf achten, dass sowohl früh blühende Blumenzwiebeln als auch dem Frost trotzende Herbststauden verwendet werden, um so für möglichst lang anhaltende Blütenfülle zu sorgen.

Im Winter kommen die Strukturen des Bauerngartens mit seinen geschnittenen Einfassungen und Hecken und seiner geraden Linienführung zur vollen Wirkung und verleihen ihm einen morbiden Charme. Jetzt ist es Zeit, die neue Gartensaison zu planen. Wenn es die Umgebung zulässt, sollte man Fenster vom Garten in die Landschaft öffnen, die den Blick in die Ferne ermöglichen und das eigene Grün mit der umgebenden Natur optisch verbinden.

Punktuelle Gartenelemente sollten einen natürlichen und eher rustikalen Charakter haben. Dies gilt für das Mobiliar, für Lauben und Gartenhäuser genauso wie für die Betonung von Blickpunkten mit Gefäßen oder Skulpturen. Gebrauchsutensilien wie Gießkannen, Körbe usw. können dabei, wie zufällig vergessen, den Garten zusätzlich beleben. Die abendliche Beleuchtung des Gartens sollte eher zurückhaltend und dezent erfolgen. Im Sommer sind Kerzen, Windlichter und Fackeln außerdem viel romantischer.

Oben: **Die Blütenfarben dieses Bauerngartens sind auf die Fassadenfarbe des Hauses im Hintergrund perfekt abgestimmt.**

Typische Elemente

- **Formen und Linien:** eher geradlinige und geometrische Flächen
- **Wege und Sitzplätze:** bodenständige Materialien wie Kies, Klinker, Naturstein
- **Einfriedung:** Zäune aus Holz oder Schmiedeeisen, rustikale Natursteinmauern, geschnittene oder frei wachsende Hecken
- **Wasser:** in Trögen, als eingefasste Wasserbecken, aus Schwengelpumpen, als Vogeltränke
- **Mobiliar und Ausstattung:** einfache naturbelassene oder grün lackierte Möbel aus Holz oder Schmiedeeisen, Holzpergola oder kleine einfache Gartenlaube, Gewächshaus
- **Gehölze:** Obstbäume, Weiß- und Rotdorn, Flieder, Holunder, Strauchrosen, Hortensien, Goldregen
- **Hecken:** Buchsbaum, Hainbuche, Buche
- **Stauden:** Rittersporn, Phlox, Lupine, Akelei, Staudenmargerite, Stockrose, Nelke, Schleierkraut, Sonnenblume, Pfingstrose, Tränendes Herz
- **Blumenzwiebeln:** Osterglocken, Tulpen, Kaiserkronen, Schneeglöckchen, Krokusse
- **Pflege:** ganzjährig und intensiv
- **Gesamteindruck:** bunt, heiter, rustikal, die Pflanze steht im Vordergrund

Der formale Garten

Schon die Gärten der Antike hatten einen formalen und architektonischen Grundriss, wurden durch Hecken gegliedert und mit geschnittenen Figuren aus Buchsbaum geschmückt. Auch in den darauf folgenden Jahrhunderten, in den mittelalterlichen Klostergärten, den Renaissance- und Barockgärten, aber auch im Biedermeier und Jugendstil bilden sie in veränderter Formensprache und Proportion die zentralen Gestaltungselemente. Die meist symmetrisch gegliederte Anordnung, die Übersichtlichkeit und die deutlich sichtbare Zähmung der Natur mittels Schnitt von Bäumen, Hecken und Einfassungen sollte in der Renaissance die Macht der Fürsten verdeutlichen.

Formale Gärten haben sich bis heute diese repräsentative, luxuriöse und manchmal sogar etwas einschüchternde Ausstrahlung auf den Betrachter bewahrt. Dies gilt nicht nur für die historischen Gartenbeispiele, sondern ist oft auch bei formal gestalteten modernen Gärten bewusst beabsichtigt. Beispiele hierfür sind die Freiflächen mancher Großkonzerne oder Hotelanlagen.

Formale Gärten können sowohl in engem Bezug zum Gebäude stehen als auch in eigens umgrenzten Gartenräumen ihre Wirkung ganz für sich entwickeln. Damit sie aber ihre volle Ausstrahlung entfalten, sollten sie vollständig mit dichten Mauern, Zäunen oder hohen, am besten immergrünen Hecken umgeben sein. Aus diesem Grund bieten Innenhöfe in der Stadt oft ein perfektes Umfeld für einen formal gestalteten Garten.

Befinden sich in der umgebenden Landschaft markante Aussichtspunkte, kann ein Fenster in der Umfriedung den gezielten Blick beispielsweise auf eine Hügelkuppe, zu einem Kirchturm oder in ein Tal ermöglichen. Dadurch ergibt sich ein spannender Kontrast zur ansonsten eher nach innen gerichteten Wirkung solcher Gärten.

Oben: **Ein moderner formaler Garten mit viel Buchsbaum. Am Ende der Achse wird der Blick durch die Baumkrone in den Himmel gespiegelt.**

Die Achse ist
sowohl in klassischen als auch in modernen formalen Gärten das wichtigste und prägendste Element. Sie trennt den Raum in zwei symmetrisch gespiegelte Teile und zieht den Blick an. Am Ende der Achse muss dem Betrachter etwas geboten werden: Dies kann beispielsweise eine Skulptur, eine Bank, eine ornamentale, klassische Vase, ein kleiner Pavillon oder ein Wandbrunnen sein, aber auch das »Fenster in die Landschaft« ist ein reizvoller Endpunkt einer Achse.

Grenzt der Garten direkt an das Wohnhaus an, sollte die Achse in deutlicher Verbindung zur Architektur des Gebäudes stehen und wenn möglich auch in der Innenarchitektur ihre Entsprechung haben. Die Achse kann als Weg, als klare Pflanzung oder als schmales, formales Wasserbecken ausgebildet sein. In modernen formalen Gärten findet man häufig den Wassertisch, ein ruhiges, höher gelegenes Wasserbecken, oder eine gleichmäßig mit Wasser überspülte Stein- oder Stahlskulptur als achsenbildendes Element.

Die Größe des Grundstücks
ist für die Anlage eines formalen Gartens weniger entscheidend. Auch kleine Gartenräume können, formal gestaltet, eine hohe Intensität und Ausstrahlung entwickeln. Zudem lässt sich hier mit einigen Bühnentricks besonders gut die räumliche Wirkung so beeinflussen, dass der Garten deutlich größer erscheint als er ist. Ein Beispiel: Ein gerader Weg, der über eine größere Entfernung betrachtet werden kann, scheint sich in der Ferne auf einen Punkt zu verjüngen. Nutzt man diese perspektivische Wirkung und lässt die zentrale Achse vorn breit beginnen und führt die Einfassung nach hinten schmaler zusammen, wirkt der Raum deutlich tiefer. Setzt man nun noch zusätzlich an die Mauer am Ende der Achse eine klassische Treillage, ein Rankgerüst aus schmalen Holz- oder Metallprofilen, das wie ein Laubengang in die Tiefe zu führen scheint, wird die Illusion perfekt. Ähnliche raumvergrößernde Effekte erreicht man mit der Platzierung von Spiegeln.

Oben: **Die ornamental geschnittene Buchsbaumeinfassung bildet den Rahmen für die romantisch wirkende Kombination aus Rosen und Hortensien.**

Typische Elemente

- **Formen und Linien:** symmetrisch, Betonung von Achse und Zentrum
- **Einfriedung:** hohe geschnittene Hecken oder dicht geschlossene Mauern/Zäune
- **Wasser:** als geometrische Wasserbecken mit oder ohne Fontäne
- **Mobiliar und Ausstattung:** klassisch schlichte Formen, Topiary (Formschnittfiguren), Treillagen
- **Bäume:** geometrisch geformt, als Säulen, Kugeln, Kästen oder als Dach gezogen
- **Hecken:** Buchsbaum, Eibe, Hainbuche
- **Sträucher, Stauden und Blumenzwiebeln:** als Füllmaterial in den Beeten, passend zum Standort
- **Pflege:** intensiv
- **Gesamteindruck:** ausdrucksvoll, repräsentativ, sachlich, friedlich

Der naturnahe Garten

Ursprünglich ist der Garten der Natur abgetrotzt und zum Schutz vor Gefahren mit einem Zaun umgrenzt (»umgertet«) worden. Dies ist heute noch an vielen Worten in der Sprache ablesbar. Beispielsweise geht das niederländische Wort für Garten »Tuin« auf den gleichen Wortstamm zurück wie unser Wort »Zaun«. Heute, wo man kaum noch ein Fleckchen unveränderter Natur findet und auch keine Bedrohung mehr von ihr ausgeht, ist ein verwilderter, natürlich anmutender Garten für viele ein wichtiger Rückzugsraum für Mensch, Tier und Pflanze. Umgeben von vermeintlicher Ursprünglichkeit und in engem Kontakt mit der heimischen Flora und Fauna kann man hier wieder Kraft schöpfen und Abstand zur modernen Gesellschaft finden. Diese enge Naturverbundenheit findet man vor allem in den skandinavischen Ländern, aber auch bei uns sind naturnahe Gärten spätestens seit den frühen 80er-Jahren des letzten Jahrhunderts ein gängiger Begriff in der Gartenkunst.

Der naturnahe Garten entsteht nicht durch Trägheit und Verwahrlosung, sondern ist bewusst geplant und genau durchdacht. Er ist eine Antwort auf die Technisierung, Bürokratisierung und Einengung durch immer mehr Gesetze und Verordnungen. Die Gesellschaft wird als hektisch, laut und oft sogar als bedrohlich empfunden, und der Wunsch nach einem friedlichen Rückzugsraum, wo »die Welt noch in Ordnung ist«, ist groß.

Außer bei zu kleinen Grundstücken ist das Umfeld eines naturnah angelegten Gartens eher zweitrangig. Allerdings finden sich Tiere eher in ländlicher Umgebung ein als in einer städtischen Insellage. Aber auch hier wundert man sich oft, wie schnell Kröten, Molche und Libellen den Weg in das neue Refugium finden. In naturnahen Gärten ist eine gewisse natürliche Entwicklung der Pflanzgemeinschaften (Sukzession) erlaubt und erwünscht. Mit der Zeit wird sich eine Pflanzenkombination entwickeln, die arten- und abwechslungsreich ist, aber auch immer Raum für Überraschungen lässt.

Will man verhindern, dass sich der Garten in eine Brennnesselwildnis verwandelt, muss man auch im naturnahen Garten mit pflegender Hand eingreifen. Allerdings beschränkt sich die Pflege lediglich auf das Eingrenzen zu mächtig werdender Pflanzenbestände oder das Umhegen neu in den Garten einwandernder Pflanzen. Die »Heemparken« in Amstelveen nahe Amsterdam sind seit den 20er-Jahren ein eindruckvoller Beweis dafür, dass bei ausschließlicher Verwendung von heimischen Wildpflanzen eine idyllische Parklandschaft mit hoher Attraktivität entstehen und über einen langen Zeitraum erhalten werden kann.

Links: **Der Holzsteg mit seiner Sitzstufe am naturnahen Garten lädt den Besucher dazu ein, auszuspannen, abzuschalten und vielleicht sogar die Füße im Wasser zu kühlen.**

Für naturnahe Gärten typisch sind die reich blühende, hohe Wiese, der Totholzstapel, der Steinhaufen oder die Trockenmauer, der Komposthaufen – und selbstverständlich der Teich. Er sollte auf jeden Fall so ausgebildet sein, dass er sich natürlich in den Garten einfügt und keine schwarze PVC-Folie oder die Kante der Betoneindichtung zu sehen ist. Eine Tiefe von mindestens 80 cm an seinem tiefsten Punkt schützt seine Bewohner im Winter vor Frost, und nicht zu steile Uferzonen bieten einer reichhaltigen Ufervegetation aus Sumpfschwertlilie, Froschlöffel, Pfeilkraut, Sumpfdotterblume, Bachbunge u. v. m. den optimalen Lebensraum.

Da bei einem künstlich angelegten Teich – ganz anders als bei einem natürlichen Teich – der Übergang zwischen feucht und trocken sehr abrupt ist, kommt dieser Randzone bei der Pflanzenauswahl eine besonders hohe Bedeutung zu. Hier sollten nur solche Stauden und Gehölze verwendet werden, die durch ihre sattgrüne Belaubung und ihre Blatttextur Feuchtigkeit symbolisieren, aber mit einem eher trockenen Standort gut zurechtkommen. Dies sind zum Beispiel einige Storchschnabel-Arten, Glockenblumen, Staudenmargeriten, Felberich, Wilde Möhre und das Weidenröschen.

Der Mensch ist in einem naturnahen Garten ein Gast und entsprechend untergeordnet werden alle weiteren Gestaltungselemente wie Laube oder Gartenhaus, Wege und Sitzplätze, Möbel, Zäune und Tore eingeplant. Bei der Planung eines naturnahen Gartens sollte man besonders viel Gewicht auf die Bestandsanalyse (Licht, Boden, Klima usw.) und die Bestandsaufnahme vor Ort legen. Natürliche Gegebenheiten des Grundstücks, wie z. B. ein Felsgestein an einem Höhenvorsprung, eine feuchte Mulde mit Wasserdost und Binsen oder ein alter, halb verrotteter Stamm eines abgestorbenen Baumes, geben dem naturnahen Garten seine Authentizität. Weiß lackierte Zäune, exakt gezogene Rasenkanten, geradlinige Wege oder im Raster verlegte Terrassen sind im typischen Naturgarten nicht zu finden. Aber natürlich spricht auch nichts gegen fließende Übergänge zu anderen Gartentypen, vorausgesetzt, die Proportionen und die Gesamtwirkung bilden ein harmonisches Gesamtbild.

Oben: **Die schattige Gartenzone wird beherrscht von einem großen Holunder sowie heimischen Farnen und Schattenstauden.**

Typische Elemente:

- **Formen und Linien:** freie Formen, weiche Linien
- **Wege und Sitzplätze:** bodenständige Materialien wie Kies, Mulch, Naturstein
- **Einfriedung:** niedrige Zäune aus Holz, Trockenmauern, frei wachsende Hecken
- **Wasser:** natürlich wirkende Teiche
- **Bepflanzung:** heimische Bäume und Sträucher, alte Obstsorten, heimische Stauden und Kräuter
- **Tierwelt:** Nist- und Nährgehölze für heimische Vögel, Bienen und Schmetterlinge, Überwinterungsschutz für Igel, Eidechsen, Frösche usw.
- **Pflege:** extensiv, leicht steuernd, ohne Chemie
- **Umfeld:** eher im ländlich geprägten Raum
- **Gesamteindruck:** grün, üppig, die Pflanze steht im Vordergrund

Der mediterrane Garten

Hier geht es mehr um eine Lebensart als um einen Gartenstil. Mit dem Begriff »mediterran« verbinden wir fröhliche Geselligkeit, gutes Essen, Wein, eine etwas lässigere Lebenseinstellung, aromatische Düfte und lange warme Abende mit zirpenden Grillen im Hintergrund. All dies erhoffen wir insgeheim auch, wenn wir uns einen mediterranen Garten wünschen. Zumindest ein Teil dieser Urlaubsatmosphäre sollte in einem solchen Garten mitschwingen. Da bei uns nur in Ausnahmesommern ständig die Sonne scheint, ist es besonders wichtig, eine hohe atmosphärische Dichte zu erzeugen.

Um sich darüber klar zu werden, wodurch die mediterrane Landschaft bestimmt wird, was ihren Charme und Charakter ausmacht, ist es hilfreich, ein Reisemagazin aus Italien, Spanien oder Griechenland durchzublättern oder sich die Fotos vom letzten Urlaub auf Sardinien oder Teneriffa anzusehen. Überall werden wir einen eher trockenen, steinigen Boden sehen und auf die typischen trockenheits- und hitzeresistenten Pflanzen treffen, wie Olivenbäume, Zypressen, Lavendel, Oleander, Zitronen, Orangen, Yucca, Agaven, Mandelbäume, Feigen, mit Wein berankte Lauben, aber auch Palmen.

Sie werden sich vielleicht fragen, was uns dies in Deutschland hilft, da außer vielleicht dem Lavendel von diesen genannten Pflanzen keine ausreichend frosthart ist. Aber es geht auch nicht unbedingt darum, all die dort wachsenden Pflanzen bei uns zu etablieren, sondern Pflanzen zu finden, die einen ähnlichen Charakter, ein ähnliche Ausstrahlung haben und sich zudem problemlos mit unserem Klima arrangieren.

Ein Hauptkriterium dabei ist das eher graue und manchmal auch weich behaarte Laub. Das Grau entsteht durch eine dickere Wachsschicht, die das Blatt vor unnötiger Verdunstung schützt. Die feinen Haare wirken als zusätzliche Isolierschicht. Auch die eher fein gefiederten oder kleinblättrigen Blattstrukturen dienen diesem Zweck.

Oben: **Vor dem weiß verputzten Haus wirkt die Kombination aus Kies, Heiligenblume, Lavendel und Säulenwacholder wie eine Szene aus dem Süden.**

Um in unseren Breiten eine mediterrane Atmosphäre mit Pflanzen zu schaffen, werden also »Doppelgänger« benötigt. Hierfür können z. B. genutzt werden (* = nur in klimatisch begünstigten Lagen ohne Winterschutz möglich):

Gehölze:

- Weidenblättrige Birne (*Pyrus salicifolia* 'Pendula')
- Sanddorn *(Hippophae rhamnoides)*
- Säulenwacholder (*Juniperus virginiana* 'Skyrocket')
- Portugiesische Lorbeerkirsche* *(Prunus lusitanica)*
- Mittelmeer-Schneeball* *(Viburnum tinus)*

Halbsträucher:

- Silberstrauch *(Perovskia abrotanoides)*
- Bartblume (*Caryopteris × clandonensis* 'Heavenly Blue')
- Lavendel (*Lavandula angustifolia* in Sorten)
- Salbei (*Salvia officinalis* in Sorten)
- Heiligenblume *(Santolina chamaecyparissus)*

Typische Elemente

- **Wege und Sitzplätze:** große Terrassenflächen aus terracottafarbenen Fliesen oder Klinkerplatten, gelblicher Naturstein oder Kies für die Wege
- **Einfriedung:** Natursteinmauern oder weiß verputzte Mauern
- **Wasser:** als Pool oder geometrisch geformte Wasserbecken, kleine Wandbrunnen, aus denen leise Wasser plätschert
- **Mobiliar und Ausstattung:** einfache und bequeme Möbel aus Holz oder Metall, in kräftigen Blau- oder Grüntönen lackiert, Terracotta-Töpfe und -Amphoren, antikisierte Statuen, Säulen und Masken
- **Bepflanzung:** siehe Text
- **Pflege:** bei gut drainiertem Boden relativ pflegearm, ansonsten verbesserter Winterschutz nötig
- **Umfeld:** umschlossener, isoliert gelegener Gartenraum, eher städtisch geprägt, Gebäude aus gelblichem Naturstein oder verputzte, weiß oder gelblich getönte Wände
- **Gesamteindruck:** trocken, grau, warme Farbtöne, starkes Spiel mit Licht und Schatten

Stauden:

- Schwertlilie (*Iris-barbata-elatior*-Hybriden in Sorten)
- Brandkraut *(Phlomis russeliana)*
- Katzenminze (*Nepeta × faassenii* in Sorten)
- Wolfsmilch, in Sorten *(Euphorbia characias, E. myrsinites, E. × martinii)*
- Islandmohn *(Papaver nudicaule)*

Die meisten dieser Pflanzen benötigen einen drainierten Boden, der vor allem im Winter Wasser gut abführt, und einen vollsonnigen Standort. Deckt man die Pflanzflächen dünn mit hellem Kies oder Splitt ab, erhöht man dadurch die Reflexion der Strahlung. Außerdem ähnelt die Fläche dem steinigen Vorbild der mediterranen Gärten in Griechenland, Spanien oder Italien.

Oben: **Auf diesem kleinen Dachgarten passt alles zusammen: Die Terracotta-Fliesen und -Töpfe bestimmen zusammen mit dem Kies und den vielen graulaubigen Pflanzen das Bild. Die geschnittenen Buchsbaumkugeln heben sich schön dagegen ab und bilden das immergrüne Gerüst im Winter. Die weißen Wände im Hintergrund reflektieren die Sonne und unterstreichen die mediterrane Atmosphäre zusätzlich.**

Links: **Eine mediterran anmutende Pflanzung aus Montbetrien (*Crocosmia* 'Lucifer'), Purpurglöckchen (*Heuchera × micrantha* 'Palace Purple') und Schafgarbe (*Achillea* 'Terracotta').**

Der asiatische Garten

Als Vorbild dient die Natur: Die Liebe zur umgebenden, typischen Landschaft prägt asiatische Gärten maßgeblich. Reist man in China und Japan durch verschiedene Provinzen, stellt man fest, dass sich die traditionellen Gärten im gleichen Maße voneinander unterscheiden wie die Landschaften, die dort vorherrschen. Die verwendeten Materialien kommen aus der Umgebung und beschränken sich jeweils auf einige wenige, ausgewählte.

Das anstehende Gestein gibt den Gärten durch seine besondere Struktur und Färbung ihren individuellen Charme. Dabei ist es eine große Kunst, diese Steine richtig zu setzen. Mit ihnen wird der Ausschnitt einer Landschaft nachempfunden, wie z. B. ein Gebirge mit ruhigem Bergsee, eine Schlucht mit einem Wasserfall oder ein steiniger Küstenstreifen mit vorgelagerten Inseln. Jeder einzelne Stein wird vom Meister ausgesucht und genau platziert. Er steht mit den anderen in einer spannungsvollen Beziehung. Besonders wichtig ist es, dass das Schwergewicht des Steines unterhalb der Erd- oder Wasseroberfläche liegt, um ihm eine optische Stabilität zu geben und ihn möglichst natürlich einzubinden.

Hier ist nichts zufällig, alles ist durchdacht und bewusst inszeniert und wird von der Philosophie des Buddhismus getragen. Ganz im Gegensatz zu unseren Wohngärten dient der asiatische Garten vor allem der Betrachtung und Meditation. Er will Ruhe und Naturverbundenheit vermitteln und ist nicht auf eine aktive Nutzung ausgelegt. Kein Wunder, dass in unserer hektischen westlichen Welt derzeit asiatische Gärten hoch im Kurs stehen. Der Rückzug in einen solchen behaglichen und geborgenen Raum erfüllt den Wunsch nach Ruhe, Frieden und Kontemplation. Zudem benötigt man für die Anlage eines solchen Gartens nicht viel Platz. Der schattige Innenhof, die kleinste Dachterrasse oder ein schmaler Streifen am Haus können Platz für den eigenen asiatischen Garten bieten.

Oben: **Ein moderner asiatischer Garten mit typischen Granitsteinen, Kies- und Wasserflächen, aber in zeitgemäßem Raster geplant.**

Wasser ist ein wichtiges Element in asiatischen Gärten. Es rauscht in Bachläufen und Wasserfällen durch expressive Berglandschaften, bildet große ruhige Seen oder taucht im Garten beim rituellen Steinbecken auf, das stetig über ein Bambusrohr mit Wasser gespeist wird. Aber auch die abstrakte Verwendung von Wasser hat im asiatischen Garten jahrhundertelange Tradition. Ein schmales, sich schlängelndes Band aus sorgfältig angeordneten, abgeflachten Kieseln oder Schieferplatten stellt einen Bachlauf dar, und die typischen Kiesflächen setzen Seen oder das Meer in Szene – die stilisierten Wellen werden täglich eingeharkt.

Der Garten steht in enger Beziehung zum Haus und lässt nur auf ausgewählte Punkte außerhalb des Gartens die Sicht frei. Ihn umgeben kunstvoll geknotete Zäune aus Bambus, Lehmmauern oder schlichte Bretterzäune. Die Terrassen sind meist aus Holz, durch ein flach geneigtes Dach geschützt und liegen ca. 30 cm über dem Gartenniveau. Sie bilden den einzigen Bereich im asiatischen Garten, der gesellig, z. B. zum gemeinsamen Essen, genutzt wird.

Die Pflanzen bilden den Gegenpol und stehen in angemessener Proportion zur Gesamtanlage. Sie prägen den Garten vor allem durch ihr grünes Laub und sollen die Ruhe unterstreichen. Auch bei der Auswahl der Pflanzen gilt: Weniger ist mehr. Moose, Farne, immergrüne Schattengräser, zu flachen Polstern geformte Buchsbaumflächen oder geschnittene Azaleen bilden die Flächen, überstanden von Bambus, Kiefern, einer Magnolie oder Zierkirsche. Die Jahreszeiten sollen im Garten ablesbar sein, aber Farbkontraste werden nur sorgsam und sehr zurückhaltend geduldet: Hier eine Gruppe blühender Schwertlilien im Sommer, dort ein sich im Herbst kräftig orange oder rot färbender Schlitzahorn – erst wer versucht hat, sich so minimalistisch wie möglich auf das Wesentliche zu beschränken, weiß, wie schwer dies ist.

Besondere Akzente setzen so exotische Pflanzen wie Schusterpalme *(Aspidistra elatior)*, Karamellstrauch *(Leycesteria formosa)*, Heiliger Bambus *(Nandina domestica)*, Duftblüte *(Osmanthus × burkwoodii)* und Fleischbeere *(Sarcococca humilis)*.

Typische Elemente

- **Formen und Linien:** Terrassen und Wege sind klar strukturiert, Kies- und Pflanzflächen weich und landschaftlich geschwungen
- **Wege und Sitzplätze:** erhöhte Holzdecks, grauer Naturstein und Kies
- **Einfriedung:** Zäune aus Holz oder gebundene Bambus- und Reisigmatten
- **Wasser:** als stilisierter Teich mit vielen Steinsetzungen, als Wasserspiel in Verbindung mit Bambusrohren und Granitblöcken
- **Mobiliar und Ausstattung:** asketische Sitzkissen, Möbel aus Rattan oder einfache Steinbank, Steinlaternen, Findlinge einzeln oder in Gruppen
- **Bäume:** ausgelichtete Kiefern, Japanische Ahorn-Arten, Japanische Kirschen, Katsurabaum, Magnolie
- **Sträucher:** Rhododendron, Azaleen, Schlitzahorn, Scheinhasel, Zaubernuss, Buchsbaum und Bambus
- **Stauden:** Pfingstrosen, Herbstanemone, Funkien, Schwertlilien, Farne
- **Pflege:** nicht allzu aufwändig, aber viel Gehölzschnitt notwendig
- **Umfeld:** in eher urban geprägten Situationen, umschlossene Gartenräume
- **Gesamteindruck:** zurückhaltend, wenig Blüten, meditativ, unterschiedliche Blatttexturen und reiche Herbstfärbung

Oben: **Ein Gartendetail mit einer typischen japanischen Steinlaterne zeigt das Spiel aus Licht und Schatten. Die ruhige Wasserfläche wirkt dunkel und geheimnisvoll.**

Links: **Atmosphäre pur: Über einen Weg aus Trittsteinen durchquert man ein »Meer« aus Kies und erreicht das Teehaus. Bambus und Kiefern runden das Bild ab.**

Der moderne Garten

Der Garten als Wohnraum im Freien ist ein Trend unserer heutigen Zeit, verbunden mit allen Ansprüchen, die man auch an ein Zimmer im Haus stellt. Ein solcher Garten ist eng verknüpft mit der Gebäudearchitektur, durch Mauern, dichte Zäune oder Hecken abgeschirmt von der Umgebung und besitzt viel Atmosphäre. Häufig stehen vor allem in der Stadt nur kleine Grundstücke zur Verfügung. Bekannte Elemente der Gartenkultur, wie z. B. Hecken, geharkte Kiesflächen oder Ausstattungsgegenstände, werden neu miteinander kombiniert und bilden zum Teil deutliche Kontraste zu im Garten bisher nicht verwendeten Materialien. Wie in einem Zimmer spielen kräftige Farben eine große Rolle und sind oft Hauptauslöser für eine bestimmte Stimmung: Eine schwefelgelb verputzte Sitzmauer, ein von terracottafarbenen Betonwänden umgebener Innenhof, zartlila gestrichene Mauerscheiben als Sichtschutzelemente oder mit knallblauen Kacheln verkleidete Nischen sind Beispiele aus neuzeitlichen Gärten.

Moderne Gärten sind Ausdruck unserer Zeit und sehr verschiedenartig. Beschreibt man sie, fallen Adjektive wie minimalistisch, architektonisch, formal, strukturiert, ruhig, kontrastreich, geordnet, spannungsvoll, meditativ, künstlerisch, aber auch ideenreich, genussvoll, experimentell, lustvoll, ironisch und bunt. Jeder Garten spiegelt heute mehr denn je die Persönlichkeit seines Besitzers wider. Verglichen mit den anderen bildenden Künsten ist die Gartenkunst die einzige, die nicht statisch ist, sondern mit der Zeit geht.
Ein Garten verändert sich ständig, von Monat zu Monat und von Jahr zu Jahr. Dem wird in modernen Gärten besonders Rechnung getragen. Allerdings steht bei allem künstlerischen Anspruch eines entscheidend im Vordergrund: die Pflegeleichtigkeit! Denn man möchte lieber entspannt den Abend auf der Terrasse genießen als den Rasen mähen oder Unkraut zupfen.

Oben: **Blaue Blüten fügen hier alles zusammen: Der umschlossene Stadtgarten mit abgewinkelter Wasserachse, Schatten spendender Baumreihe und großer Terrasse wirkt wie eine ruhige Oase.**

Gut konzipierte Staudenflächen können helfen, die Pflege im Rahmen zu halten und außerdem den Garten mit ganz neuen Farbkombinationen betonen, wie z. B. Pink – Rot – Orange – Lila oder Weiß – Zartgelb – Rosa – Braun. Solche Farbspiele wären vor einigen Jahren noch undenkbar gewesen, aber die bildende Kunst, die Mode und auch die Floristik waren hier deutliche Wegbereiter. Und als Gegenmittel gegen das Rasenmähen wurde die Wiese wiederentdeckt, die außerdem herrlich romantisch und natürlich wirkt. Den Kontrast hierzu bilden die eher schlichten, sachlichen, industriell gefertigten Materialien:

- geschalte, unverputzte Betonmauern
- Wasserspiele aus Edelstahl
- halbtransparente Wände aus satiniertern Glas oder Glasbausteinen
- Wege und Sitzplätze aus Asphalt
- mit farbigem Glassplitt abgestreute Pflanzflächen
- Gabionen (Drahtgitterkörbe), gefüllt mit Steinen, Glasbrocken oder eng gepresstem Astwerk, als Sichtschutzwände
- Mosaike aus Fliesen in Wasserbecken und an Wänden
- Geländeabfangungen und Treppenstufen aus Cortenstahl
- Mobiliar aus Plexiglas.

Typische Elemente

- **Formen und Linien:** klare, gerade oder geometrische Flächen und Linien
- **Wege und Sitzplätze:** zeitgemäße Materialien wie Beton, Stahl, Glassplitt, Asphalt, aber auch Naturstein und Holz
- **Einfriedung:** aus Beton, Kunststoffplatten, Glas, Edelstahl, Cortenstahl, Gabionen
- **Wasser:** als gefasste Wasserbecken, -achsen oder -treppen
- **Mobiliar und Ausstattung:** moderne Möbel mit schlichtem Design aus Aluminium, Kunststoff, Plexiglas, abstrakte Skulpturen
- **Trendpflanzen:** eher zurückhaltend, wenig verschiedene, aber bewusst ausgesuchte Gehölze und Stauden
- **Pflege:** je nach Intensität der Bepflanzung sehr unterschiedlich
- **Umfeld:** eher städtisch geprägt, aber auch im ländlichen Raum als Kontrast denkbar
- **Gesamteindruck:** ruhig, kontemplativ, klar, ästhetisch, Farbigkeit eher monochrom, aber auch Kombination ungewöhnlicher Farben

Oben: **Ein Gartenzimmer: die Wände und Stufen ausweißem Beton bilden den Raum, der Rasen dient als grüner Teppich und die Stauden, Lichtsäulen und die transparente Plexi-Liege sind das Mobiliar und die Dekoration.**

Rechts: **Die ungewöhnlichen Pflanzgefäße aus Cortenstahl sorgen für eine spannungsvolle Atmosphäre. Sie wirken schwerelos und futuristisch und ziehen den Blick auf sich.**

Aber auch altbekannte Materialien wie Decks aus Holz oder großformatige Natursteinplatten finden in modernen Gärten Verwendung.

Häufig wiederkehrende Formen sind zum einen geometrische Flächen oder Körper wie das Quadrat, der Kubus, die Kugel, das Oval und die Ellipse, die in den unterschiedlichsten Varianten zu finden sind. Aber auch die weich geschwungene Welle oder die harte Zickzacklinie prägen so manche modern gestaltete Anlage. Die vielen verschiedenen Ansätze zeigen, dass der Fantasie keine Grenzen gesetzt sind und viel Raum zum Experimentieren bleibt.

Die Material-auswahl

> 4. Schritt

Holz – Stein – Beton

Jedes Material besitzt eine ihm eigene Ausstrahlung und Optik, hat seine spezifischen Merkmale und seine Eigenheiten bei der Verarbeitung und Nutzung. Auf den folgenden Seiten möchten wir auf die wichtigsten Materialien eingehen und Ihnen einen kleinen Einblick in die Materialverwendung geben.

Holzterrassen am Haus und Holzdecks im Garten oder auf dem Dach schaffen eine besondere Atmosphäre und wirken freundlich und einladend. Man findet sie in Gärten überall auf der Welt. Die Veranda vor einer amerikanischen Kolonialstil-Villa, die Terrasse vor einem tropischen Holzhaus, der Meditationsplatz im asiatischen Garten, das Sonnendeck am Strand oder der Entdeckungsweg durch sumpfige Wälder sind nur einige Beispiele.

Holz ist leicht zu verarbeiten, gut verfügbar, je nach Holzart relativ leicht und besitzt eine geringe Wärmeleitfähigkeit.

Diese sorgt dafür, dass man schon im März mit einem Kissen auf seinem Steg über dem Teich sitzen kann.

Im Handel werden unterschiedliche Holzarten angeboten, die sich in Härte, Langlebigkeit und leider auch im Preis zum Teil erheblich unterscheiden. Ist Holz etwas länger der Witterung ausgesetzt, unterscheiden sich die Holzarten von der Farbe her kaum noch voneinander und bekommen eine schöne silbergraue Patina. Allerdings wird man Terrassen, die nur teilweise überdacht sind, deutlicher als bei jedem anderen Material ansehen, wo die trockene Zone endet. Will man dies verhindern, kann man die Oberfläche entsprechend ölen, lasieren oder lackieren. Entscheidet man sich für eine dieser Möglichkeiten, muss man sich darüber im Klaren sein, dass diese Arbeitsgänge regelmäßig wiederholt werden müssen. Vor allem bei Terrassen an oder über Wasserflächen rate ich davon ab, weil das Leben im Teich empfindlich auf Giftstoffe reagiert.

Rechts: Diese großzügige Holzterrasse mit verschiedenen Ebenen verbindet die Wohnräume mit dem Garten und lädt zum gemütlichen Essen mit Freunden ein.

Natursteine

sind im Garten sehr gefragt. Sie wirken natürlich und passen sich gut in Gartensituationen ein. Die angebotene Auswahl unterschiedlicher Gesteine im Fachhandel ist immens groß. Man sollte sich bei der Entscheidung für den Stein stets von der gewünschten Atmosphäre leiten lassen. Soll ein naturnaher oder bäuerlich geprägter Garten entstehen, empfehle ich, einen Stein aus der Umgebung zu nehmen. Weist ein Garten Höhenunterschiede auf, ist es oft entscheidend, ob man alle benötigten Formate – Platten für die Terrasse, Pflaster für den Weg, lagerhafte Steine für die Mauer und maßangefertigte Stufen – aus einem Material bekommen kann. Dies ist vor allem bei den preisgünstigen Steinen aus Fernost oft nicht der Fall.

Da das Gewinnen und Herstellen von Natursteinplatten und -pflaster bis heute weitgehend in Handarbeit erfolgt, stehen für die Verwendung nahezu alle gewünschten Formate zur Verfügung. Allein das Gestein an sich bestimmt die Grenze der Möglichkeiten. Je nach Bearbeitung der Oberfläche, ob sie gesägt, gespalten oder geschliffen, gestockt, gestrahlt oder geflammt wird, kann der gleiche Stein sehr unterschiedlich wirken. Hier sollte man sich vor der Entscheidung ausführlich über die Vor- und Nachteile informieren.

Außerdem muss gut überlegt sein, wie ebenmäßig eine Fläche später sein soll. Für eine glatte Terrassenfläche bietet sich der Einsatz von gesägten Platten an, für etwas rustikalere Sitzbereiche kann man bruchraue oder gespaltene Platten verwenden oder sich für Pflaster entscheiden.

Klinker

ist ein weiteres natürliches Material. Er wird aus Ton gebrannt und in den unterschiedlichsten Formaten, Farben und Qualitäten angeboten. Die Steine können eine leicht sandige Oberfläche besitzen, ganz glatt sein oder raue Kohleeinschlüsse aufweisen. Die Farbe des Klinkers wird von der verwendeten Tonart und den darin enthaltenen Metallen und Mineralien bestimmt. Das Farbspektrum reicht von Gelb über Terracotta, Rot, Braun bis hin zu Anthrazit.

Oben: **Der schmale Klinkerweg im Fischgrät-Verband ergibt sich wie selbstverständlich aus dem Muster der Terrasse.**

Mitte: **Sowohl das Pflaster als auch die Stufen sind aus dem gleichen Granit gefertigt und bilden ein harmonisches Gesamtbild.**

Unten: **Der Weg aus großformatigen Betonplatten wirkt durch seine Schlichtheit und akkurate Verlegung.**

Links: Solche Plattenflächen im Rasen sind nicht nur attraktiv, sondern auch pflegeleicht und vor allem für gelegentliche Grillfeste prima geeignet.

Unten: Die kleinen Stiefmütterchen des angrenzenden Beetes erobern die Fugen der Polygonalplatten-Fläche und bilden somit einen weichen Übergang.

Bei Pflasterklinkern ist es besonders wichtig, dass sie hart gebrannt werden, damit sie möglichst wenig Wasser aufnehmen und somit frostbeständig sind. Diese Tatsache hat aber den Nachteil, dass diese Steine nur in den seltensten Fällen auch zum Vermauern verwendet werden können, da der Mörtel nicht bindet. Wünscht man sich im Garten ein einheitliches, harmonisches Gesamtbild aus gemauerten Ziegelwänden und Wegen aus Klinkern, muss man zwei unterschiedliche Steine mit dem gleichen Farbton und Format auswählen.

Beton ist heute im Garten das vielleicht vielseitigste Material, und nach und nach verliert es auch sein negatives Image. Bei der Auswahl von Betonmaterialien ist allerdings ein sensibles Gespür für das angemessene Format, die passende Farbe und die geeignete Oberfläche gefragt, damit die gewünschte Atmosphäre entsteht. Auch hier gilt: Weniger ist mehr. Das Material soll nicht im Vordergrund stehen und im Garten dominieren, sondern sich einordnen.

Das Format sollte passend zur Gestaltung gewählt werden. Wird der Garten von weich geschwungenen Formen geprägt, sollte der Stein eher kleinformatig und vielleicht leicht konisch geformt sein. Dies erspart das zeitaufwändige Schneiden der Steine. In Gärten, denen ein quadratisches Raster zugrunde liegt, können großformatige Platten ein harmonisches Bild erzeugen. Wünscht man sich einen anderen Farbton, kann man sowohl durchgefärbte Steine als auch Steine mit Natursteinvorsatz auswählen.

Außerdem unterscheiden sich Betonplatten bzw. -pflaster in der Art der Randausbildung. Sie sind entweder vollkantig oder gefast, d.h. die Kante ist schräg abgeflacht. Gefaste Steine sind unempfindlicher und bilden ein deutlicheres Fugenmuster aus. Soll ein Stein wie altes Natursteinpflaster wirken, wird er in einer Trommel »gerumpelt«, wobei die Kanten ungleichmäßig brechen. Eine weitere Möglichkeit ist die Verwendung von Ortbeton, der vor Ort in die geschalten Flächen gegossen und abgezogen wird.

Die Fugen bestimmen das Bild. Sie bilden das Muster und vermitteln Spannung, Gleichklang oder Unruhe. Eine sauber verfugte Fläche erscheint hochwertig. Flächen, in denen auch Ritzenvegetation erlaubt ist, wirken romantisch und natürlich. Ob eine Fläche fest mit Beton verfugt, eingesandet oder mit wasserdurchlässigem Fugenmörtel geschlossen wird, entscheidet maßgeblich über die dauerhafte Optik.

Kies – Splitt – Mulch

Bodenbeläge aus Feinmaterial geben den Flächen eine gleichmäßige und einheitliche Struktur, sind wasserdurchlässig und meistens relativ kostengünstig umsetzbar. Einige Grundbedingungen sollte man jedoch beim Bau beachten, damit die Flächen auch über einen längeren Zeitraum ansprechend bleiben.

Damit die Flächen gut Wasser abführen und nicht verunkrauten, sollten sie genau wie Pflaster- oder Plattenflächen eine ausreichend starke Tragschicht aus Schotter erhalten. Die Stärke der Tragschicht hängt von der beabsichtigten Belastung ab. Soll die Fläche beispielsweise als PKW-Stellplatz genutzt werden, muss sie befahrbar ausgebildet und mindestens 30 cm stark sein. Handelt es sich um schmale Gartenwege oder kleine verborgene Sitzplätze, reicht eine Stärke von 20 cm aus.

Zudem sollte man sich vor der Verwendung loser Materialien Gedanken über die Randeinfassung machen. Fehlt sie, wird sich der Kies des Weges nach kurzer Zeit auch im Beet befinden. Möchte man exakt gefasste Linien festlegen, bietet sich eine schmale Einfassung aus Pflaster an. Aber auch die früher in Gärten oft eingesetzten hochkant gestellten Dachpfannen oder mit dem Kopf nach unten versenkten Flaschen sind mögliche Lösungen. Für Gärten mit modernem oder technischem Charakter sind Metallbänder aus Aluminium oder Edelstahl im Handel.

Kies besteht aus abgerundeten Steinchen, die vom Wasser geschliffen wurden. Sie erinnern an Flüsse, Bachläufe und ans Meer und sind bei stärkerer Aufbauhöhe rollig und instabil. Geht man über Kiesflächen, entsteht ein ganz spezifisches Geräusch, das viele als sehr angenehm empfinden. Außerdem kann man einen nahenden Besucher hören. Kies wird in unterschiedlichen Körnungen (Größengemischen) angeboten. Aus

Unten links: **Dieser Sitzbereich wirkt archaisch und naturbelassen. Nur der sorgfältig gesetzte flachplattige Kies lässt die Spannung des Gartens erahnen.**

Unten rechts: **Blaue Murmeln sind ein ungewöhnliches Material für eine Terrasse, aber, wie man sieht, sehr reizvoll. Die Kante ist mit einem Metallband eingefasst.**

größeren Kieseln lassen sich auch mit Liebe zum Detail Mosaike verlegen, die je nach Muster einen mediterranen oder asiatischen Eindruck vermitteln.

Als Splitt bezeichnet man kantig gebrochenes Material, das ebenfalls in unterschiedlichen Größen und Sortierungen angeboten wird. Feiner Splitt eignet sich gut für Wege und Spielflächen, die eine gleichmäßige Optik erhalten sollen. Grober Splitt besitzt mehr Struktur und je nach Farbe eine spezifische Ausstrahlung. Es werden unterschiedlichste Splitte angeboten: weißer Marmorsplitt, gelber, grauer, anthrazit- oder rosafarbener Granitsplitt, brauner Porphyr- oder schwarzer Basaltsplitt – um nur einige Naturstein-Splitte zu nennen. Wünscht man sich kräftig gefärbte rote, grüne oder gelbe Flächen, können auch Splitte aus Kunststoff oder Glas eingesetzt werden. In Gärten von Häusern, die mit Parkett ausgelegt sind, rate ich allerdings davon ab, Splitt zu verwenden. Man kann kaum verhindern, dass die kleinen scharfkantigen Steinchen ins Haus getragen werden, wo sie zu massiven Beschädigungen am Parkett führen können.

Wege und Flächen aus Mulch sind dagegen weich und federn beim Gehen leicht nach. Außerdem geht von ihnen ein ganz besonderer Duft aus, der an Holz und Wald erinnert. Besonders für schattige Sitzbereiche oder Wege ist der Einsatz von Mulch sehr angenehm. Als Material werden Rindenhäcksel und Holzschnitzel angeboten, Letztere auch in bunten Farbtönen. Für Mulchflächen gilt ebenso: Tragschicht und Randeinfassung sind wichtig für eine pflegeleichte und langlebige Fläche. Ein Rindenmulchweg, der nicht gut drainiert ist, wird in Kürze zu einem nassen, schlecht begehbaren Matschweg. Da sich das Material mit der Zeit zersetzt, muss es ab und zu nachgedeckt werden.

Links: Der Kies bildet nicht nur den Weg, sondern ist auch flach in die Staudenflächen hineingezogen. Dies vermittelt ein harmonisches Gesamtbild.

Unten: Der Mulchweg bildet die Trennlinie zwischen den Beeten und ordnet sich dennoch optisch unter.

Mit Experimentierfreude und Fantasie kann man sich aber auch mit anderen losen Materialien versuchen. Streut man beispielsweise eine Schicht Muscheln auf dem Sonnenplatz aus, schafft man einen Hauch Strandatmosphäre – allerdings nicht unbedingt zum Barfußgehen. In meinem Garten liegt seit unserer »Strandparty« im letzten Jahr dort, wo früher Rasen war, eine große Sandfläche. Obwohl eigentlich nur als Party-Gag gedacht, konnten wir uns bisher noch nicht von der weichen und freundlichen Fläche, die zum Sonnen und Spielen einlädt, trennen.

Welches Material ist das richtige?

Die Materialauswahl bestimmt einen Großteil der Atmosphäre und Stimmung im Garten und sollte deshalb sorgfältig und durchdacht erfolgen. Aber welche Kriterien müssen bedacht werden, um zu einer Entscheidung zu kommen? Was ist wesentlich, was weniger wichtig und worauf soll man persönlich sein Hauptaugenmerk setzen?

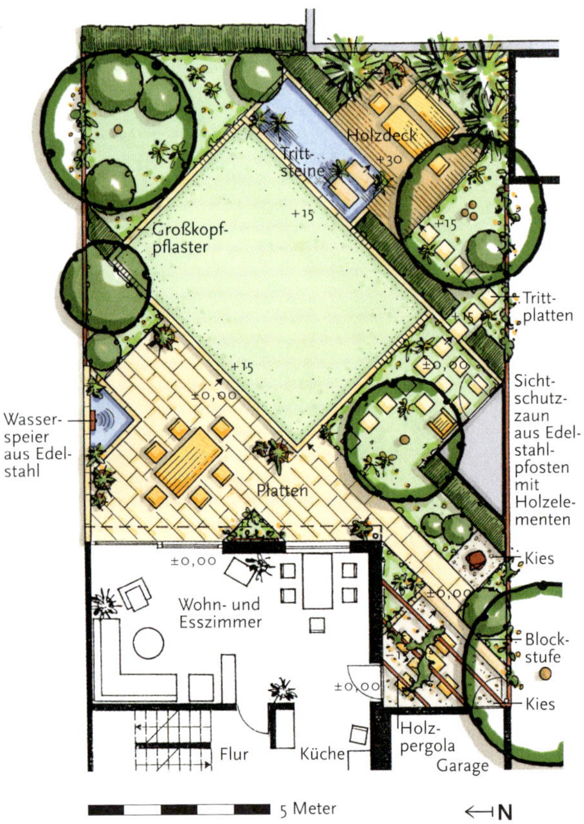

Mauern, Terrassenplatten, Trittplatten, Trittsteine, Blockstufe und Großkopfpflaster aus Sandstein

Die praktischen Gesichtspunkte bestimmen die Vorauswahl. Zuerst sollte man sich überlegen, wie man künftig die geplanten Flächen nutzen möchte und welche Art von Mobiliar gewünscht ist. Diese Fragen sind wichtig, um zu klären, wie eben und wie fest das Material sein soll. Möchte man beispielsweise leichte, feingliedrige Alu-Möbel kaufen, tut man gut daran, eine möglichst glatte und feste Terrassenoberfläche auszubilden. Auf bruchrauen Natursteinplatten würden die Möbel »kippeln«, in Kiesflächen im unteren Bereich schnell unansehnlich zerkratzen. Möchte man stattdessen in einer kleinen Sitzecke eine robuste Teakbank ganzjährig etablieren, eignen sich Kies oder Mosaikpflasterflächen hervorragend.

Bei Holzdecks sollte man bedenken, dass die Fugen zwischen den Hölzern offen sind und schmale Gegenstände, wie Besteck, Stifte oder Geldstücke, hindurchfallen können.

Die Materialauswahl: die Terrasse wird aus Sandsteinplatten gelegt, die diagonal zum Haus verlaufen. Aus dem gleichen Stein werden die Rasenkante, die Trittplatten und die Einfasung des Wasserbeckens hergestellt. Die kleine Sitzecke im hinteren Eckbereich soll als Holzdeck über dem Wasser schweben. Es passt zu Holzhaus, Pergola und Holzzäunen. Als Kontrast werden Zaunpfosten, Wasserspeier und die Skulptur aus Edelstahl gefertigt.

Ein zweites Kriterium ist die Lage der Fläche. Für sonnige Terrassen sollte man kein zu helles, reflektierendes Material auswählen, da zu viel Helligkeit im Sommer unangenehm wird. Aber auch ein schwarzer Stein hat seine Tücken, da er sich in der Sonne stark erhitzt. Gut geeignet sind hier z. B. Holzterrassen oder gelblich gesandete Klinker. Dagegen ist in schattigen Bereichen die Vermoosung ein Problem. Vor allem Holz und weiche Natursteine sind für diese Situationen schlecht geeignet. Sie werden schnell rutschig und glatt und haben hier auch eine geringere Haltbarkeitsdauer. Harte Materialien wie feste Pflasterklinker, Granit, Basalt oder Porphyr eignen sich für solche Bereiche gut.

Das dritte Kriterium ist der Preis. Vor allem bei größeren Flächen, bei denen sich der Einheitspreis entsprechend multipliziert, sollte man diesen von Anfang an mit ins Kalkül ziehen. Oft ist eine stufenweise Umsetzung die Lösung: so kann etwa die spätere Sitzecke vorerst als Kiesfläche kostengünstiger ausgebildet werden.

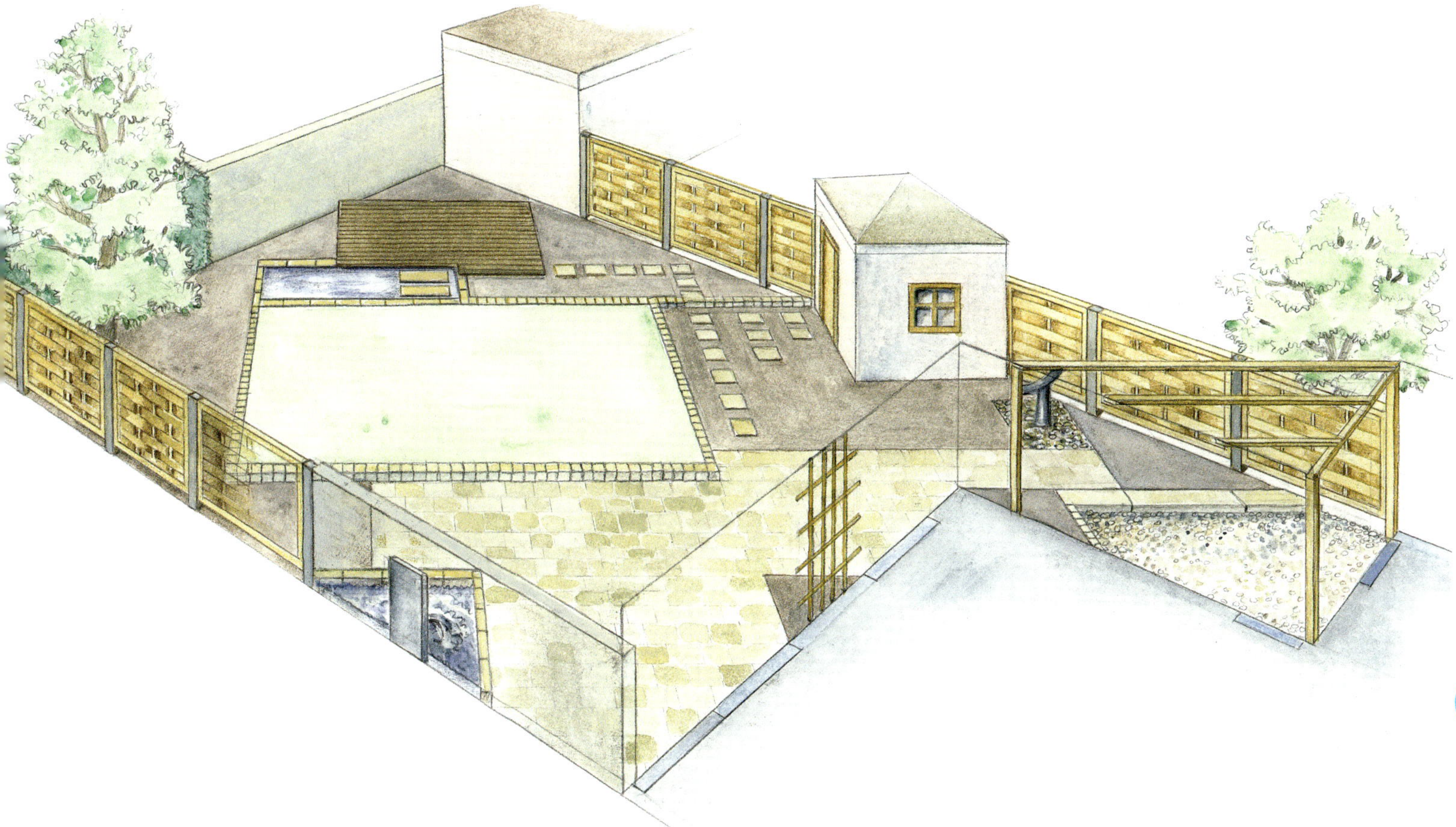

Die Festlegung der Materialien

erfolgt im zweiten Schritt unter Berücksichtigung der optischen und ästhetischen Gesichtspunkte. Passt das Material zur Umgebung des Gartens? Passt es zum Stil und zum Alter des Hauses? Lässt sich vielleicht ein Material des Hauses im Garten wieder aufnehmen? Dies könnte z. B. der Naturstein des Sockels oder der Schiefer des Daches sein. Gibt es im Haus und in der Inneneinrichtung bestimmte Materialien, die im Außenbereich wieder auftauchen sollten? Grenzt beispielsweise das Wohnzimmer mit Parkett an die Terrasse, wäre vielleicht eine Holzterrasse davor schön. Welches Format, welche Struktur und welches Muster passt in die Proportion des Gartens? Kleine Gärten werden von großformatigen Platten schnell erdrückt, umgekehrt wirkt ein großer Garten, der nur mit Kleinpflaster ausgestattet wird, sehr unruhig. Außerdem muss das Material zur Formensprache passen. Es sieht meist harmonischer aus, einen kleineren Stein in Bögen zu verlegen, als einen größeren dazu zwingen zu wollen.

Und zum Schluss noch ein Tipp:

Lassen Sie sich Mustersteine Ihrer engeren Auswahl geben, legen Sie diese an einen gut einsehbaren Platz, vielleicht auf die Terrasse, und betrachten Sie diese einige Tage. Je nach Tageslicht und Wetter werden sie anders wirken. Vor allem sollte man die Steine auch im nassen Zustand beurteilen, da viele Materialien eine andere Farbe annehmen und dann vielleicht gar nicht mehr passen. Spricht Sie ein Stein jedes Mal besonders an, ist er der richtige.

Die Bepflanzung

> 5. Schritt

Der besondere Reiz jedes Gartens

Ein Garten ohne Pflanzen ist in Ausnahmefällen eine mögliche Alternative, wird jedoch dem eigentlichen Anspruch an einen Garten nicht gerecht. Erst die Pflanzen erwecken ihn zum Leben. Sie bieten so viel Formenreichtum, Farbigkeit und Lebendigkeit und verändern ihr Aussehen im Verlauf eines Jahres oft mehrfach. Erst erscheinen die jungen grünen Blätter eines Strauches, dann blüht er üppig, später trägt er bunt glänzende Früchte, und im Herbst färbt sich sein Laub leuchtend ein. Selbst im Winter, ganz ohne Laub und leicht mit Schnee bedeckt, kann sein Astgerüst eine faszinierende Ausstrahlung besitzen.

Zudem verändern Pflanzen im Laufe ihres Gartenlebens oft ihre Größe erheblich und bilden dadurch Räume im Garten. Der kleine Kirschbaum, seitlich der Rasenfläche gepflanzt, beherrscht nach einigen Jahren den Garten und entwickelt sich zu einem stattlichen Baum, der große Bereiche beschattet. Allerdings können Pflanzen auch von Anfang an eine architektonische Funktion im Garten erfüllen.

Die große Auswahl verschiedenster Pflanzen, die Vielfalt der Kombinationsmöglichkeiten und die Zeitdimension machen das Zusammenstellen von Pflanzkompositionen zur reizvollsten und kreativsten Tätigkeit bei der Gartenplanung.

Ein Rezept für eine richtige Pflanzenzusammenstellung gibt es nicht. Aber ich möchte auf den folgenden Seiten auf einige Besonderheiten und Gestaltungsprinzipien bei der Pflanzplanung eingehen. Die Konzeption harmonischer Pflanzungen setzt viel Einfühlungsvermögen und botanische Kenntnisse voraus. Außerdem ist eine Bepflanzung nie wirklich fertig. Sie benötigt während ihrer gesamten Lebensdauer eine entsprechende Pflege und Ergänzung. Die Bepflanzung eines Garten ist daher eine Aufgabe, die immer wieder neue Aspekte bietet und nie ihren Reiz verliert.

Unten: Eine harmonisch bepflanzte, feuchte Waldrandsituation mit Wiesenknöterich *(Polygonum bistorta)*, Fingerhut *(Digitalis purpurea)* und Vergissmeinnicht *(Myosotis sylvatica)*.

Oben: Im Winter betonen die Hecken und geschnittenen Kugeln die Struktur des Gartens.

Mitte: Zu Beginn des Frühlings treiben die Stauden und Gehölze aus. Eine früh blühende Lenzrose *(Helleborus orientalis)* blüht im Vordergrund.

Unten: Im Sommer entwickelt der Garten seine volle Pracht. Üppige Stauden und Rosen blühen und duften um die Wette und laden zu einem Spaziergang ein.

Die Planung

einer Pflanzung gleicht einer Komposition oder Choreografie: Einmal zusammengestellt, entwickelt sich im vorbestimmten Rahmen die Musik oder der Tanz jedes Mal wieder aufs Neue. Den Takt geben hierfür im Garten die Jahreszeiten an. Der Gartenraum mit seinen Mauern, Zäunen, Wegen und Terrassenflächen bildet die Kulisse für die sich im Laufe des Jahres dynamisch verändernden Gartenbilder. Zu welchem Zeitpunkt welche Pflanzen das Bild prägen und als Hauptdarsteller die Szene bestimmen, von welchen Pflanzen sie abgelöst werden und welche Stimmung von der Gesamtkomposition ausgeht, wird im Pflanzkonzept festgelegt. Dabei ist es durchaus möglich, je nach Jahreszeit unterschiedliche Stimmungsbilder zu kreieren. Beispielsweise kann im Frühling eine leichte, heitere Stimmung mit weißen und gelben Narzissen, den grüngelben Blüten der Wolfsmilch *(Euphorbia polychroma)*, dem weißen Tränenden Herzen *(Dicentra spectabilis* 'Alba') und weißen Nachtviolen *(Hesperis matronalis* 'Alba') entstehen. Im Spätsommer erscheint das gleiche Beet mit seinen orangefarbenen Dahlien, der rotbraunen Sonnenbraut *(Helenium*-Hybride 'Moerheim Beauty') und verschiedenen Sonnenblumen dann eher warm, träge und ein wenig behäbig.

Die unterschiedliche Entwicklung der Pflanzen ermöglicht dem Gärtner die optimale Ausnutzung der Beete. Häufig können zwei unterschiedliche Pflanzen ein und denselben Platz nutzen und sich hervorragend ergänzen.

Im Spätherbst und Winter

wird der Garten von seinem immergrünen Grundgerüst getragen. Die Laub abwerfenden Gehölze lassen wieder mehr »Durchblick« und Offenheit. Die vergänglichen Gräser- und Staudenhorste geben dem Garten den besonderen Reiz von Vergänglichkeit, der zu dieser Jahreszeit gehört. Sie können durchaus bis zum Frühjahr stehen gelassen werden. Ein Garten, der maßgeblich mit immergrünen Stauden und Gehölzen bepflanzt wird, zeigt hingegen kaum jahreszeitliche Veränderungen.

Das Laub von Gehölzen, Stauden und Gräsern verdient eine viel größere Aufmerksamkeit, als ihm gemeinhin zukommt. Oft werden Pflanzen nur wegen ihrer Blüte und deren Duft gepflanzt. Die Kombination der Pflanzen richtet sich häufig ausschließlich nach dem Blütezeitpunkt und der Blütenfarbe. Hierbei wird vergessen, dass die Blüte nur einen Teilaspekt der Pflanze wiedergibt. Oft blüht sie nur kurz, und schon nach einigen Tagen ist die Pracht vorbei. Die Blätter dagegen, die viele Monate den Charakter der Pflanze bestimmen, werden meist kaum beachtet.

Dabei ist die Verwendung verschiedener Laubfarben und -texturen ein wichtiges Gestaltungsmittel. Einzelne Gartenszenen oder ganze Gärten, die von verschieden großen und unterschiedlich geformten Blättern geprägt sind, sind reizvoll und strahlen eine große Ruhe aus. Man sollte bei solchen Pflanzungen vor allem darauf achten, ähnliche Grüntöne miteinander zu kombinieren. Ein Gemisch von hellgrünem, dunkelgrün glänzendem, graugrünem und vielleicht noch weiß gerandetem Laub mit unterschiedlichen Blattformen lässt kein harmonisches Gesamtbild entstehen. An diesem Beispiel sieht man, wie wichtig es ist, schon bei der Vorauswahl der Pflanzen nicht nur die Blütezeit und -farbe, sondern auch die Laubfarbe und -form sowie die Herbstfärbung zu notieren. Auch der Zeitpunkt des Laubfalls hat Auswirkungen auf die Gesamtkomposition und sollte im Pflanzkonzept berücksichtigt werden.

Im Trend liegen zurzeit Pflanzen mit farbigem Laub. Das intensiv dunkelrot gefärbte Blattwerk des Perückenstrauchs *(Cotinus coggygria* 'Royal Purple') oder des Purpurglöckchens *(Heuchera × micrantha* 'Palace Purple') vervollständigt Pflanzungen mit tief dunkelrot blühenden Akelei, Rosen und Zierlauch. Die goldgelben Blätter des Lederhülsenbaums *(Gleditsia triacanthos* 'Sunburst') oder des Japangrases *(Hakonechloa macra* 'Aureola') hellen selbst die schattigste Gartensituation etwas auf. Dazu kommen Pflanzen mit weiß gerandeten Blättern, mit blaugrau gefärbtem Laub oder sogar mit weiß-grün-rot geschecktem Blattwerk wie bei der Hortensie *(Hydrangea macrophylla* 'Tricolor').

Auch der Laubaustrieb kann bei Pflanzungen für Highlights sorgen. Beispiele sind die feuerrot austreibenden Blätter der Lavendelheide *(Pieris japonica* 'Forest Flame') oder der tief dunkelrote Austrieb des Fächerahorns *(Acer palmatum* 'Deshojo').

Oben: **Das dichte, weiche Polster aus Sternmoos *(Sagina subulata)* bildet einen grünen Teppich, der in schönem Kontrast zu den großblättrigen Herzlilien *(Hosta undulata* 'Albomarginata') steht.**

Mitte: **Die Kombination von Herzlilie *(Hosta fortunei)*, Silberkerze *(Cimicifuga)*, Elfenblume *(Epimedium)* und Pfauenradfarn *(Adiantum pedatum)* ergibt durch ein ähnliches Grün ein harmonisches Gesamtbild.**

Harmonie & Kontraste

Bei der Konzeption einer Bepflanzung steht die Zusammenstellung der Blütenfarben häufig im Vordergrund. Ob sie schlicht und monochrom, Ton in Ton oder kontrastreich geplant werden, hängt von den individuellen Wünschen, der Gesamtsituation und der beabsichtigten Wirkung ab.

Farben haben großen Einfluss

auf die Wirkung eines Gartens. Sie können ihn ruhig oder dramatisch, freundlich oder düster, verspielt oder schlicht, romantisch oder modern erscheinen lassen. Wohlgemerkt einzig und allein durch die gezielte Verwendung von Pflanzen mit ihren Blüten- und Laubfarben. Viele berühmte Maler wie der Impressionist Claude Monet oder der Expressionist Emil Nolde haben mit Pflanzkombinationen »gemalt« und zauberhafte Gärten geschaffen, die bis heute viele Gärtner inspirieren. Auch die berühmte englische Gartenarchitektin Gertrude Jekyll, die eine bedeutende Rolle in der modernen Gartenarchitektur spielt, studierte ursprünglich Kunst und Malerei. Sie entdeckte erst später ihre Liebe zu den Pflanzen. Ihre Gärten, die durch das Zusammenspiel der Blütenfarben und -formen unterschiedlichste Gartenbilder zeigen, machen deutlich, dass ihnen das Wissen um den bewussten Einsatz von Farbe zugrunde liegt.

Keine Farbe kann allein für sich

gesehen werden. Sie steht immer in Beziehung zu anderen Farbtönen und wird von diesen beeinflusst. Die gelben Blüten des Mädchenauges *(Coreopsis verticillata)* erscheinen zusammen mit den orangeroten Blütenstielen der Montbretie *(Crocosmia masoniorum* 'Lucifer') leicht grünstichig. Kombiniert man sie aber mit blauem Ziersalbei *(Salvia nemorosa* 'Blauhügel'), tendieren sie deutlich zu einem warmen Gelb. Dieses Phänomen, dass man in der Farbenlehre »Simultankontrast« nennt, ist bei der Kombination von Pflanzen stets zu bedenken, denn das Grün der Blätter umgibt fast immer die Blüten und verändert ihre Farbwirkung. Die stärksten Kontraste lassen sich mit den drei Grundfarben Rot, Blau und Gelb sowie den drei Sekundärfarben Orange, Grün und Violett erzielen.

Oben: **Von den weißen Blüten der Veronica bis zum kräftigen Pink von Phlox und Hortensien umgeben, wirkt das Haus im Hintergrund romantisch eingeschlossen.**

ausgewogene Pflanzung – und dies zu jeder Jahreszeit. Da sich durch Ausfälle im Winter oder eine unbeabsichtigte Aussaat die Mengenverhältnisse verschieben können, ist jede Pflanzung ein nie endendes Abenteuer und Gartenarbeit stets ein besonderes Erlebnis.

Links: Die leuchtend gelben und roten Zierahorne betonen den Vordergrund. Das gedämpfte Dunkelrot des hinteren Ahorns lässt ihn optisch weiter zurücktreten.

Unten: Kontraste aus »reinen« Farben wie hier zwischen roten Rosen, blauem Rittersporn und dem umgebenden grünen Laub schaffen ein spannungsvolles Gesamtbild.

Harmonische Farbkombinationen besitzen immer einen gemeinsamen Nenner. Sie weisen keine starken Kontraste auf, sondern scheinen farblich miteinander verwoben zu sein. Man verwendet hierbei entweder Farben, die im Farbkreis nebeneinander liegen, wie z. B. Gelb – Orange – Rot, oder eine Farbe, die mit unterschiedlich hohen Farbwerten eingesetzt wird, wie z. B. Hellblau – Mittelblau – Dunkelblau. Hierbei ist in Pflanzungen zusätzlich die Blütengröße zu berücksichtigen, da die Farbwirkung von der relativen Flächengröße der Farbe bestimmt wird. Die verschieden blauen, großblütigen und farbintensiven Blüten der Schwertlilie (*Iris*-Barbata-Elatior-Hybriden) wirken, wenn sie von einer großen Fülle hellblauer, durchscheinender Blüten des Staudenleins (*Linum perenne*) umgeben sind, weniger dominant.

Ein Gleichgewicht zwischen den Blütenformen und -farben ist das Ziel für eine

Farben können die Raumwirkung

verändern und beeinflussen. Blasse, farbschwache, kühle blaue, graue oder gedämpfte Farben sind zurückhaltend und vermitteln, im Hintergrund verwendet, den Eindruck von Weite, während farbintensive leuchtende Gelb-, Orange- und Rottöne scheinbar nach vorne drängen. Kombiniert man beide Effekte miteinander, wirkt ein kleiner Gartenraum deutlich größer.

Aber nicht nur die Blüten, sondern auch die Laubfärbung ist bei den Farbkonzepten einer Pflanzung zu berücksichtigen. Die derzeit sehr beliebten graulaubigen, mediterran anmutenden Stauden und Gehölze lassen alle Blütenfarben blasser und fahler wirken, ganz so als ob die intensive südliche Sonne die Farben verbleichen lässt. So entstehen Pflanzungen, die eine ganz besondere Stimmung hervorrufen.

Möchte man harmonisch ineinander fließende Farbübergänge in Pflanzungen schaffen, ist es hilfreich, sich die gewünschten Farbtöne vorher wie auf einer Farbpalette zusammenzustellen. Dies ist heutzutage auch mit Hilfe geeigneter Software-Programme möglich.

Faszination Farbe

Die Wahrnehmung von Farben ist etwas sehr Subjektives. Während der eine gerne in Rottönen, kombiniert mit Pink, Orange und Violett schwelgt, ist dies für den anderen eine Beleidigung seines Farbempfindens.

Der Einfluss der Farben auf die menschliche Psyche fasziniert seit Jahrhunderten die Gelehrten. Goethes Farblehre und seine Beschreibung der Wirkung einzelner Farben auf den Menschen ist bis heute gültig. Es müssen also allgemein gültige Gesetze hinter ihrer Ausstrahlung stehen. Auch Sie werden Ihre eigenen Erfahrungen im Umgang mit Farben gemacht haben. Oft kann man sich abends den roten Pullover und die schwarze Hose für den nächsten Tag herauslegen, nur um morgens festzustellen, dass man diese Farben heute unmöglich tragen kann. Was abends zu der eigenen Gemütslage gut passte, ist für den nächsten Morgen nahezu undenkbar.

Bei jedem Farbkonzept sollte vorher überlegt werden, welche Ausstrahlung von dem jeweiligen Beet, Pflanzmotiv oder Gartenraum gewünscht wird. Soll eine schattige Gartenpartie bewusst dunkel und kühl wirken oder ist sie z. B. mit weißbunten oder gelblaubigen Pflanzen optisch aufzuhellen und zu beleben? Soll eine Blumenrabatte den Blick durch intensives Rot und Orange auf sich ziehen oder soll sie mit Blau, Violett und Silbergrau dezent den Hintergrund bilden? Soll der Garten im Frühling im warmen sonnigen Gelb der Narzissen und Primeln erstrahlen oder sollen in dieser Zeit die blauen Blüten der Traubenhyazinthen, Kaukasusvergissmeinnicht und Blauglöckchen dominieren? Die Entscheidung für die vorherrschende Farbe oder das Farbspektrum zeigt einen Teil der individuellen Persönlichkeit. Dies zeigt auch, wie schwierig es ist, einen Garten zu schaffen, der von allen Bewohnern gleich geliebt wird.

Die nachfolgenden Ausführungen zu den einzelnen Farben sollen helfen, sich für bestimmte Farbspektren bewusst zu entscheiden und zu verdeutlichen, was man oft instinktiv bevorzugt.

Rechts: Durch den Kontrast zum dunklen Laub von Ziersalbei, Eibe und Perückenstrauch leuchten die weißen Blüten der Lupinen und Rosen besonders strahlend.

Weiß ist die »Farbe« mit dem hellsten Farbwert. Sie wirkt kühl und schlicht, kann aber, richtig kombiniert, Exklusivität und Eleganz ausdrücken. Weiß bildet den größtmöglichen Kontrast zu dunklen Farbtönen und sticht selbst aus den schattigsten Situationen deutlich hervor. Weiße Blüten scheinen selbst nachts zu leuchten und reflektieren bei Vollmond das silberne Licht auf beeindruckende Weise. Der berühmte weiße Garten von Sissinghurst besitzt zu jeder Tageszeit und in jedem Licht eine besondere Ausstrahlung. Aber Vorsicht: Abgeblühte, welke Blüten fallen in weißen Rabatten besonders auf und lassen diese schnell ungepflegt aussehen.

Gelb wirkt heiter und freundlich und verleiht Vitalität. Es erregt Aufmerksamkeit und zieht den Blick auf sich. Gelb erinnert an die Sonne. Gelbe Blüten bilden zusammen mit saftig grünem Laub eine besondere Harmonie. Die Auswahl von Gelbtönen in der Pflanzenwelt reicht von hellem Pastellgelb über kühles Zitronengelb bis zu warmem Goldgelb.

Orange ist die wärmste Farbe, die an Sonnenuntergänge, orientalische Gewürze und Feuer erinnert. Orangefarbene Beete wirken anziehend und leidenschaftlich. Durch ihre intensive Farbigkeit werden Entfernungen verkürzt.

Rot ist voller Energie, kann anregend, aber auch aggressiv wirken. Rot bildet einen Komplementärkontrast zu Grün, d. h. beide Farben wirken besonders leuchtend. Rote Blüten vor grünem Laub fallen besonders ins Auge und sollten in Maßen verwendet werden. Ausschließlich mit roten Blüten kombinierte Pflanzungen sind oftmals für die Betrachtung anstrengend und entwickeln einen manchmal dramatischen Charakter.

Links: **Die roten Blüten von Canna, Zinnie und Ziersalbei bilden einen deutlichen Kontrast zum grünen Hintergrund aus Chinaschilf. Das dunkelrote Laub lässt die Fläche dunkler erscheinen.**

Unten: **Weiße und gelbe Narzissen geben der Pflanzung eine heitere Stimmung. Die roten Primeln bilden einen schönen Kontrast und beleben das Bild.**

Violett ist die dunkelste Farbe des Farbkreises. Sie wirkt inspirierend und beruhigend. Violettfarbene Pflanzungen haben eine nur geringe Leuchtkraft und treten deutlich in den Hintergrund.

Blau ist kühl, aber trotzdem von enormer Leuchtkraft. Blaue Blüten strahlen aus Pflanzungen deutlich hervor. Blau wirkt friedlich und entspannend und fördert die Konzentration. Klare blaue Blüten sind in der Natur selten und daher besonders beliebt.

Der Pflanzplan

Phase 1: Das grüne Gerüst

Jede gute Pflanzung besitzt Struktur, Rhythmus und stimmige Proportionen. Nur das bewusste Gruppieren von Pflanzen führt zu einem harmonischen Gesamtbild. Je klarer ein Konzept erkennbar ist, desto eindeutiger und überzeugender ist das Gesamtergebnis. Mit der Auswahl und Anordnung der größeren, gerüstbildenden und tonangebenden Pflanzen, die als Blickpunkt und Hintergrund dienen, beginnt die Pflanzplanung. Hierbei wird der Charakter des Gartens vorgeformt. Alle weiteren Pflanzen sind ihnen bei- und untergeordnet.

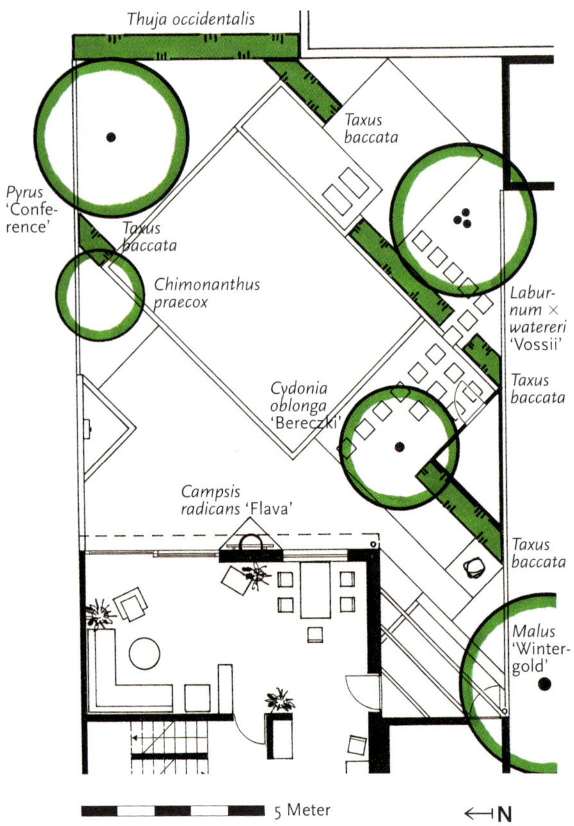

Welche Gerüst- und Leitpflanzen

für einen Garten ausgewählt werden, hängt von verschiedenen Kriterien ab:

1. Die gewünschte Atmosphäre bestimmt die Optik der Pflanzen. Für einen mediterranen Garten werden andere Pflanzen den Rahmen bilden als für einen asiatischen, und ein Naturgarten wird mehr von heimischen Pflanzen geprägt als ein Design-orientierter Stadtgarten.

2. Die Größe des Gartens entscheidet über die Wuchshöhe der maßgebenden Pflanzen. Während in parkartigen Gärten große Bäume das Gerüst der Anlage bilden, sind es in Gärten mittlerer Größe eher Kleinbäume, Großsträucher und Kletterpflanzen an Pergolen oder Hauswänden. In besonders kleinen Gartenräumen können aber auch kleinere Sträucher und Solitärstauden diese Funktion übernehmen. Eine eindeutige Zuordnung zwischen der Größe einer Pflanze und ihrer räumlichen Funktion ist nicht möglich.

3. Das vorhandene, nicht veränderbare Umfeld prägt den Garten. Die Architektur des eigenen Hauses, seine Farben und Materialien, aber auch die Gebäude der Umgebung wirken ebenso auf den Garten ein wie die bereits existierenden und zu erhaltenden Pflanzen im eigenen Garten. Vorhandene Bäume, Großsträucher und Hecken können als Gerüstbildner in das Pflanzkonzept integriert werden. Dies gilt auch für die Pflanzen, die in Nachbargärten stehen und durch Größe und Dominanz den eigenen Garten beeinflussen.

4. Die Standortbedingungen, also die Licht-, Boden- und Klimaverhältnisse des Gartens, bilden die Lebensgrundlage für die Pflanzen. Sie müssen berücksichtigt werden, wenn man eine stabile und langfristig funktionierende Pflanzung gestalten will. Nicht jede Pflanze verträgt etwa die Strahlungshitze einer südexponierten Wand oder die Staunässe eines tonigen Bodens. Zudem benötigen die einzelnen Gattungen oftmals unterschiedliche pH-Werte und Nährstoffgehalte im Boden. (siehe Seite 10f.)

5. Die Robustheit und Frosthärte der Pflanzen sind ebenfalls wichtige Auswahlkriterien. Die Gerüst- und Leitpflan-

Sie finden die deutschen Bezeichnungen der Pflanzen auf den Seiten 98/99.

zen geben dem Garten oft über viele Jahrzehnte den Rahmen und das prägende Gerüst. Daher sollte man schon bei der Zusammenstellung darauf achten, krankheitsresistente und in der jeweiligen Region ausreichend frostharte Pflanzen auszuwählen.

6. Die Zeit für kontinuierliche Pflege sollte von vornherein bei der Konzeption des Gartens berücksichtigt werden. Die beste Pflanzung mit den schönsten Farbabstufungen und Blütenkombinationen verliert schon nach kurzer Zeit ihren Charme, wenn die Pflege nicht qualitativ gut und ausreichend intensiv durchgeführt wird. Rasen mähen, Unkraut zupfen, verblühte Blütenstände entfernen und das Schneiden der Hecken und Formgehölze muss je nach Pflanzenart und -kombination einmal pro Woche bis mehrmals im Jahr erfolgen, damit sich die Pflanzung optimal entwickeln kann. Ist die Zeit für intensive Gartenpflege nicht vorhanden, sollte auf diese besonders pflegeintensive Pflanzung verzichtet oder eine Firma mit der Pflege beauftragt werden.

Das Grundgerüst der Bepflanzung: **Die vorhandenen Bäume werden mit weiteren Großgehölzen ergänzt. Ein Goldregen mit dekorativer grüner Rinde und leuchtend gelben Blüten beschirmt die Holzterrasse. Die ab Januar blühende Winterblüte steht in direkter Sichtbeziehung zum Wohnzimmer, und die Quitte mit ihren herrlich gelben Früchten und großen weißen Blüten dominiert den Bereich seitlich der Gartenhütte. Die immergrünen Eibenhecken strukturieren den Garten in verschiedene Räume, geben ihm Tiefe und bilden den Hintergrund für die spätere Staudenpflanzung.**

Pflanzen als Gerüst und Blickfang

Die »gerüstbildenden« Pflanzen geben dem Garten den Rahmen. Sie bilden den Hintergrund, tragen die Grundstimmung und betonen durch ihre Anordnung zueinander die Einheit des Gartens. Außerdem dienen sie als Blickfang, lenken die Blickführung und markieren bestimmte Fixpunkte.

Um im Winter ein tragfähiges Gerüst zu haben, sollte zumindest ein Teil der größeren Pflanzen immergrün sein. Hier sind vor allem Pflanzen wie Eibe *(Taxus baccata)*, Buchsbaum *(Buxus sempervirens* var. *arborescens)*, Bambus *(Phyllostachys aurea)*, Kirschlorbeer *(Prunus laurocerasus)*, Glanzmispel *(Photinia fraseri* 'Red Robin') und verschiedene immergrüne Schneeball-Arten *(Viburnum)* zu nennen. In etwas geschützteren Lagen verwende ich in passenden Situationen auch gern etwas anspruchsvollere und exotischere Pflanzen wie Portugiesische Lorbeerkirsche *(Prunus lusitanica)*, Immergrüne Magnolie *(Magnolia grandiflora)*, Tasmanischer Eucalyptus *(Eucalyptus gunnii)*, Steineiche *(Quercus ilex)* und Hanfpalme *(Trachycarpus fortunei)*. Da häufig in bestimmten Blickrichtungen ein ganzjähriger Sichtschutz von Vorteil ist, sollte die Platzierung der immergrünen Solitärpflanzen genau durchdacht werden.

Auch Laub abwerfende Gehölze können im Winter eine hohe Anziehungskraft haben. Da die Gerüstbildner eher im Hintergrund stehen, sollten sie während der Ruhephase der meisten anderen Gartenpflanzen eine besondere Attraktivität entwickeln. Hierzu eignen sich Gehölze mit einer farbigen, auffallend attraktiven Rinde, wie sie zum Beispiel der grün gestreifte Schlangenhaut-Ahorn *(Acer capillipes)*, der feuerrote Sibirische Hartriegel *(Cornus alba* 'Sibirica'), die rostrot glänzende Mahagoni-Kirsche *(Prunus serrula)* oder die schneeweiße Himalaya-Birke *(Betula utilis)* bieten.

Des Weiteren bietet ein lang anhaftender Fruchtbehang ein attraktives Schauspiel, wie die gelben oder roten Äpfelchen des Zierapfels (z. B. *Malus* 'Wintergold' oder 'Red Sentinel'), die rosaroten Beeren der Vielfiedrigen Eberesche *(Sorbus vilmorinii)*, die dekorativen Fruchtkolben des Essigbaumes *(Rhus typhina)* oder die leuchtend orangenfarbenen Früchte des Sanddorns *(Hippophae rhamnoides)*.

Oben: Die große, im Frühling üppig blühende Zierkirsche und die gerade geschnittene immergrüne Einfassungshecke dominieren in diesem Vorgarten.

Winterblühende Bäume und Sträucher, die oft bereits im Dezember mit ihrer Blüte beginnen, wie z. B. Winterkirsche *(Prunus subhirtella* 'Autumnalis'), Eisenholz *(Parrotia persica)*, Zaubernuss *(Hamamelis mollis)*, Winter-Schneeball *(Viburnum × bodnantense* 'Dawn') oder Schneeforsythie *(Abeliophyllum distichum)*, bilden vor allem vor einem immergrünen Hintergrund einen interessanten Blickpunkt.

Formale Pflanzen, die zu Hecken, Säulen, Kugeln, Quadern oder Pyramiden geschnitten werden, können in architektonisch wirkenden Gärten Verwendung finden. Hierzu eignen sich vor allem Arten, die nach dem Rückschnitt wieder gut austreiben, sich dicht verzweigen und ein eher kleineres Laub haben, wie z. B. Eibe *(Taxus baccata)*, Buchsbaum *(Buxus sempervirens* var. *arborescens)*, Liguster *(Ligustrum vulgare* 'Atrovirens'), Hainbuche *(Carpinus betulus)*, Buche *(Fagus sylvatica)* und Kornelkirsche *(Cornus mas)*.

Bei der Auswahl der geeigneten Heckenpflanzen sollten folgende Fragen berücksichtigt werden:

- Wie hoch soll die Hecke im ausgewachsenen Zustand werden?
- Soll die Hecke immergrün sein oder darf sie im Winter ihr Laub verlieren?
- Soll die Hecke blühen oder eher als ruhiger Hintergrund fungieren?
- Sollen dornige Pflanzen verwendet werden, z. B. als Schutz?

Aber auch Pflanzen mit »architektonischen Wuchsformen«, wie die schmalen Säulen der Zypresse *(Cupressus sempervirens* 'Stricta') oder Säulenkirsche *(Prunus serrulata* 'Amanogawa') oder die runde Krone von Kugelrobinie *(Robina pseudoacacia* 'Umbraculifera') oder Kugel-Ahorn *(Acer platanoides* 'Globosum') bilden klare Formen und Strukturen im Garten.

Bei Neupflanzungen sollten gerüstbildende Pflanzen von Beginn an in einer größeren Qualität gepflanzt werden. Für den Fall, dass man sich für einen besonders reizvollen, langsam wachsenden und somit oftmals auch kostspieligen Strauch entschieden hat, ist ein zweistufiges Konzept denkbar. Das gewünschte Gehölz wird in kleinerer Qualität gepflanzt und ein kostengünstiges, schnellwachsendes Gehölz übernimmt vorübergehend die dominierende Rolle. Es wird entfernt sobald die Wunschpflanze ihre Größe erreicht hat.

Oben: **Im Vordergrund beherrschen die architektonisch geformten Pflanzen, die Hecke und die Kugel-Kirschen *(Prunus fruticosa* 'Globosa'), das Bild.**

Links: **Auch Kletterpflanzen, wie hier die anmutig blühende Glyzine *(Wisteria sinensis)*, können im Garten als Leitpflanze verwendet werden.**

Phase 2: Die blühende Dekoration

Sträucher, Rosen und Rhododendren, Obstgehölze, hohe Ziergräser und dekorative Solitärstauden, Kletter- und Kübelpflanzen werden ausgewählt und miteinander zu einem stimmigen Gesamtbild kombiniert.

Bei der Auswahl der Pflanzen dieser 2. Phase gelten prinzipiell die gleichen Kriterien wie für die Zusammenstellung der gerüstbildenden Pflanzen. Den deutlichen Schwerpunkt bei der Kombination bildet das Umsetzen der gewünschten Atmosphäre. Die Pflanzung soll unter Beachtung der unterschiedlichsten Blütezeiten der einzelnen Pflanzen ein harmonisches Gesamtbild ergeben. Das Spiel mit Laub- und Blütenfarben sowie Blatttexturen eröffnet eine unendliche Vielfalt verschiedener Gestaltungsmöglichkeiten.

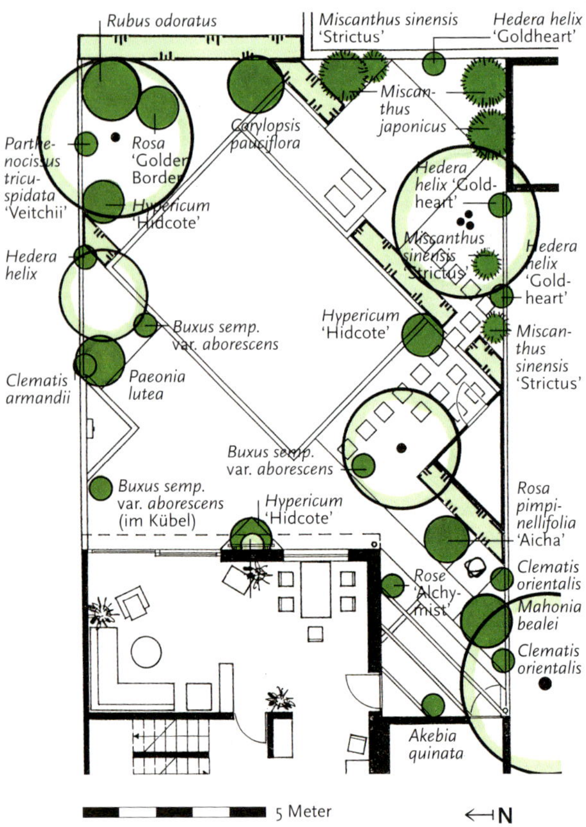

Damit die Pflanzkombination allen Erwartungen entspricht und alle gewünschten Effekte beinhaltet, kann man sich einige Hilfsmittel schaffen. Eine Übersicht, auf der die wichtigsten Ziele für die Pflanzung in Stichpunkten aufgeführt sind, hilft dabei, das gesetzte Gestaltungsziel nicht aus den Augen zu verlieren. Für unseren Beispielgarten lauten die Kriterien wie folgt:

- Atmosphäre: moderner Stadtgarten
- architektonisch wirkende Pflanzen, kombiniert mit reich blühenden Stauden und Sträuchern
- kräftige, leuchtende Blütenfarben: Gelbgrün, Gelb und Pink
- Laub: Grün bis Gelbgrün, eher üppig
- Blütezeit: von Januar bis Dezember
- gerne Kräuter, Gewürze und Obstgehölze
- mittlere Pflegeintensität

Sie finden die deutschen Bezeichnungen der Pflanzen auf den Seiten 98/99.

- keine Liebhaberpflanzen, die viel Zuwendung benötigen
- hinter der Holzterrasse: üppige Gräser und Stauden, sodass ein gesonderter, kleiner, eigenständiger Gartenraum entsteht.

Beim Zusammenstellen der künftigen Pflanzenkombination sind aussagekräftige Pflanzenbücher und/oder detaillierte Kataloge von Baumschulen und Staudengärtnereien hilfreich. Der geübte Gartengestalter weiß aus Erfahrung, welche Pflanzen gut miteinander kombiniert werden können, und schlägt für besondere Effekte vielleicht noch einmal hier und da nach. Ist man aber weniger geübt, benötigt man bei der ersten Zusammenstellung eine gehörige Portion Zeit.

Damit man kein Merkmal einer Pflanze im Gesamtkontext vergisst, sollte man sich eine Tabelle erstellen. Hierin werden der Pflanzenname, die Endgröße der Pflanze, die Blütezeit, die Blütenfarbe und die Laubfarbe der eventuell in Frage kommenden Pflanze eingetragen (siehe Beispiel Seiten 98/99). Außerdem sollte Platz zum Vermerken von Besonderheiten, wie z.B. intensiver Duft, Herbstfärbung, dekorativer Fruchtansatz oder Neigung zur Bildung von Wurzelausläufern, gelassen werden.

Der nächste Schritt

ist die räumliche Anordnung der Pflanzen im Garten. Hierfür wird der Plan, in dem die Basispflanzen des Grundgerüstes bereits eingetragen sind, benötigt. Bei der Zuordnung der Pflanzen sollte man versuchen, dem Garten durch die Anordnung und Gruppierung Zusammenhalt zu geben. Bestimmte Pflanzen, wie in unserem Beispiel das Johanniskraut *(Hypericum* 'Hidcote'), das Chinaschilf *(Miscanthus* in Sorten), der Efeu *(Hedera helix* in Sorten) am Zaun und die Buchsbaumkugeln, tauchen mehrfach auf und werden an verschiedenen Stellen im Garten platziert.

Durch die optische Wiederholung erhält der Garten mehr Stabilität und bildet eine stärkere Einheit. Die verschiedenen Beete stehen miteinander in Verbindung. Ein Garten, der ohne Wiederholungen geplant wird, der aus einer losen Ansammlung einzelner, unterschiedlicher Sträucher und Stauden besteht, wirkt oftmals überladen und unruhig. Bei der Anordnung der Pflanzen und Pflanzengruppen sind in spannungsreichen Gärten eher ungerade Zahlen zu bevorzugen, da das Auge zwischen ihnen unsichtbare Linien herstellt und dynamische Dreiecke oder Fünfecke bildet. Für ruhige und eher statisch anmutende Gärten ist die Anordnung in geraden Zahlen geeignet. Ein Tor aus zwei säulenförmigen Kirschen oder ein Quadrat mit vier Buchsbäumen auf den Ecken schafft Stabilität und Ausgeglichenheit.

Die Ergänzung mit Blüten, Blättern und Duft:

Der Garten füllt sich mit Sträuchern, großen Gräsern und Rosen. Chinaschilf umgibt mit seinen im Wind raschelnden Blättern die Holzterrasse. Glockenhasel, Schmuckblatt-Mahonie erfreuen bereits im Frühjahr mit ihren gelben Blüten und die immergrüne Waldrebe betört zudem mit ihrem intensiven Duft. Das unermüdlich blühende Johanniskraut, gelbe Rosen und pinkfarbene Zimt-Himbeere setzen Akzente, während die immergrünen Buchsbaumkugeln optische Ruhepunkte darstellen. Waldreben mit ihren zarten Blüten, Efeu (in Sorten) und Wilder Wein rahmen den Garten am Zaun ein, die duftende Kletterrose und die wintergrüne Akebia überdachen den Frühstücksplatz.

Pflanzen geben den Ton an

Die Pflanzen verleihen jedem Garten seine individuelle Note. Sie ergänzen und verbinden, schaffen optische Anziehungspunkte und prägen sein Erscheinungsbild. Sie können aber nicht nur als Mittel zum Zweck eingesetzt werden, sondern das Thema des Gartens maßgeblich prägen.

Die Funktion der Pflanzen im Garten kann man vereinfacht in drei Kategorien einteilen:

- Entweder dienen sie als dekorative Elemente, die sich der Architektur von Gebäude und Garten unterordnen
- oder sie unterstreichen die Stimmung in bestimmten Gartenszenen und bilden zu den gebauten Elementen ein gleichwertiges und ausgeglichenes Gleichgewicht
- oder sie prägen den Garten maßgeblich und alle anderen Elemente sind ihnen untergeordnet. Solche Themengärten, in denen die Pflanzen im Mittelpunkt stehen, sind für alle leidenschaftlichen Gärtner die Erfüllung ihres Traums. Der Garten wird zur Ausstellungsfläche für Sammelobjekte, zum Versuchslabor für Pflanzenzüchtung und manchmal auch zum Mekka von Pflanzenkennern und Gartenfreunden.

Oben: **Ein waldartiger Garten mit Schatten liebenden Sträuchern und Stauden kann an heißen Sommertagen ein idyllischer Platz zum Ausspannen sein.**

Rechts: **Blühende Rhododendren und Azaleen sind im Frühling an Farbenfülle kaum zu überbieten. Ihr dunkelgrünes Laub bildet hierzu einen schönen Kontrast.**

In großen Gärten können auch unterschiedliche Pflanzenthemen in verschiedenen Gartenräumen Eingang finden. Ist die Zeit des einen Gartenteiles vorbei, erstrahlt der nächste Bereich in voller Pracht. Bei kleineren Gärten ist man hingegen häufig zur Beschränkung auf ein Thema gezwungen.

Im Duftgarten werden Sträucher und Stauden mit intensiv duftenden Blüten oder Blättern verwendet. Hier steht nicht der optische, sondern der geruchsbedingte Gesamteindruck im Vordergrund. Mit Düften werden hier Stimmungen geschaffen. Ein Beispiel: Lavendel, kombiniert mit Lorbeer und Rosmarin, weckt im Sommer Erinnerungen an die Provence oder die Toskana.

Der Rhododendrongarten

ist ein typischer Frühlingsgarten. Ende Februar bis Ende Juni leuchten sie in allen Farbtönen: Weiß, Gelb, Orange, Rot, Rosa, Lachs, Pink, Violett und Blau – kaum eine Pflanzengattung besitzt ein so weites Farbspektrum. Da viele Rhodendendren dunkelgrünes, immergrünes Laub besitzen, entsteht eine ruhige, manchmal sogar etwas düstere Grundstimmung. Rhododendren und Azaleen lieben einen feuchten, humosen, sauren und lockeren Boden. Lehmige oder gar tonige Böden, in denen sich leicht Staunässe bildet, sind ebenso wie sehr kalkhaltige Böden nahezu ungeeignet.

Oben: **Die pastellfarbenen Rosen, kombiniert mit Lavendel, blühen den ganzen Sommer über üppig. Die farblich abgestimmte Gartenlaube vervollständigt das Bild.**

Im Rosengarten

blüht es von Anfang April bis zum ersten Frost und zum Teil auch darüber hinaus. Die Vielfalt der Rosen ist gewaltig. Nahezu alle Wuchsformen sind zu finden: von der Zwerg- bis zur großen Strauchrose, vom Rosenstämmchen bis zur Wildrose, von der Bodendecker- bis zur Kletterrose. Die Blüten können entweder klein und zahlreich oder aber groß, einzeln und edel geformt sein. Einfache, halb oder dicht gefüllte Blüten von Weiß bis Schwarzrot, pastellfarbige und leuchtend bunte Farbtöne und ein zum Teil sehr intensiver Duft zeichnen sie aus. Rosen sind bei gezielter Sortenauswahl frost-, krankheits- und regenfest. Rosen lieben sonnige und nährstoffreiche Böden, können sich aber auch mit ärmeren Standorten begnügen. Außerdem können die Hagebutten der Rosen im Herbst und Winter sehr attraktiv sein.

Der Gräsergarten

besitzt zu jeder Jahreszeit eine besondere Ausstrahlung und verändert hierbei seine räumliche Wirkung. Im Frühjahr prägt der Austrieb das Bild. Die meisten Gräser werden im Vorfrühling zurückgeschnitten, sodass der Garten sehr licht und offen wirkt. Bis zum Sommer entwickelt sich der Garten zu einem dichten und üppig grünen Dschungel. Im Herbst steht die Gräserblüte mit zum Teil attraktiv schimmernden Rispen im Vordergrund, und im Winter bieten die gelben und gelbbraunen Horste zusammen mit Raureif und Schnee ein ständig wechselndes Bild von Licht und Schatten.

Jede Pflanzengattung hat ihre besonderen Eigenarten, ihre spezifischen Ansprüche an Standort und Pflege. Ist man von einer bestimmten Gattung »infiziert«, sollte man genau prüfen, ob die vorherrschenden Standortbedingungen für diese Pflanzengruppe geeignet sind. Ist dies nicht der Fall, ist zuerst die Verbesserung der Bodenverhältnisse sowie der Schutz vor Wind oder zu intensiver Besonnung zu planen und umzusetzen.

Phase 3: Flächendecker & Lückenfüller

Die verbliebenen freien Flächen des Pflanzkonzeptes werden jetzt gefüllt. Krautige Pflanzen wie Stauden, Blumenzwiebeln, Gräser, Farne sowie ein- und zweijährige Sommerblumen komplettieren das geplante Gartenbild und geben ihm seinen letzten Schliff.

Ein Garten, der aus einer Rasenfläche und einer Pflanzung aus Laub- und Nadelgehölzen besteht, wirkt oft unfertig. Ihm fehlt die Dynamik und Vielfalt, die vor allem Stauden in den Garten einbringen. Sie bieten die vielfältigsten Blütenformen, unterschiedlichste Blattfarben und -texturen, eine reichhaltige Farbpalette und vielgestaltige Wuchsformen. Die meisten Stauden sind sommergrün und ziehen im Winter komplett ein, d. h., sie sind im Winter unsichtbar. Es gibt aber auch verschiedene wintergrüne Vertreter, mit denen man auch im Winter schöne Effekte erzielen kann. Zu meinen Lieblingen gehören hier die Bergenien mit ihren festen Blättern, die sich teilweise durch Frost bunt verfärben. Da sie sich sowohl auf sonnigen, trockenen Standorten als auch im kühlen Schatten unter Gehölzen wohl fühlen, können sie im Garten in den unterschiedlichsten Situationen eingesetzt werden.

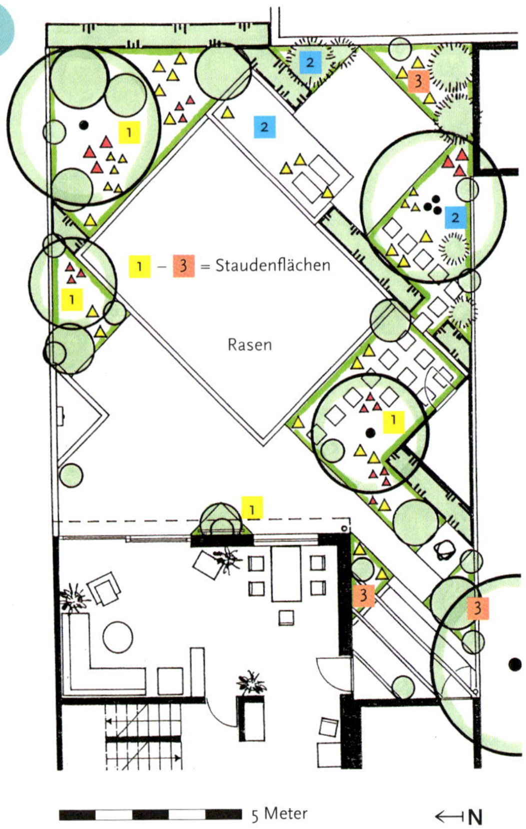

Bei der Planung einer Staudenpflanzung sollte man darauf achten, dass sie gut strukturiert ist. Sie besteht aus größeren, horstbildenden Solitärstauden, mittleren, dichtbuschigen Exemplaren und niedrigen, kriechenden Bodendeckern. Ich empfehle bei der Vorauswahl, die Pflanzenliste nicht nur nach der Blütezeit zu sortieren, sondern zuerst die Stauden gemäß ihrer Größe in diese drei Gruppen aufzuteilen. Dies erleichtert das Zusammenstellen einer ausgewogenen Pflanzung.

Dabei benötigt jede Staude ihren spezifischen Lebensraum. Zu dicht gesetzte Pflanzen können sich nicht dauerhaft gut entwickeln und sind mindestens genauso pflegeintensiv wie Pflanzungen, die zu licht und locker angeordnet wurden. Als groben Richtwert für die Pflanzdichte kann man von einer Anzahl von sechs bis acht Stauden pro Quadratmeter ausgehen. Dies variiert aber je nach Größe und Wüchsigkeit durchaus erheblich.

Ein weiteres gutes Hilfsmittel für die Kombination von Stauden mit den sie umgebenden Gehölzen ist der Blühzeitenkalender. Eine solche Tabelle wird nach Blütezeiten sortiert und zeigt auf einen Blick, in welchem Monat der Garten in welchen Farben blüht. Der Blühzeitenkalender ermöglicht letzte Korrekturen und Ergänzungen und hilft auch später bei gezielten Veränderungen in der Pflanzung. Zudem erleichtert er die Ergänzung mit Zwiebelpflanzen sowie ein- und zweijährigen Sommerblumen. Sie bereichern das Gesamtkonzept mit zusätzlicher Blütenfülle und geben vor allem im ersten, oft noch blütenarmen Entwicklungsjahr maßgeblich den Ton an.

Sie finden die botanischen und deutschen Pflanzennamen zu den farbigen Ziffern auf den Seiten 98/99.

Die Auswahl der geeigneten Stauden erfolgt prinzipiell nach den gleichen Kriterien, wie sie für die ersten beiden Planungsphasen aufgestellt wurden. Durch die große Vielfalt der Blütenformen und -fülle ist bei der Zusammenstellung die Entscheidung für eine bestimmte Pflanze oft nicht einfach. Hier besteht die Qual der Wahl – aber natürlich auch immer wieder aufs Neue das Potenzial für eine ganz individuelle Kombination. Das Sortiment der Gräser, Farne und Wasserpflanzen, das ebenfalls von den Staudengärtnerein angeboten wird, ergänzt die Vielfalt an Möglichkeiten zusätzlich.

Für mich gibt es kaum etwas Kreativeres, Reizvolleres und Vielfältigeres als den Umgang und die Planung mit Stauden. Wenn man von diesem »Virus« infiziert wurde, besteht keine Chance mehr auf Heilung. Man entdeckt bei jedem Besuch einer besonderen Gärtnerei mindestens eine Pflanze, die die bestehende Pflanzung komplettieren oder ergänzen könnte und ohne die der Garten zukünftig nicht mehr existieren kann.

Ich wünsche Ihnen viel Freude auf dieser Entdeckungsreise in die Welt der Stauden.

Das Gartenbild wird vollständig: **Stauden, Gräser und Zwiebelpflanzen bilden den grünen, blühenden Teppich. Frauenmantel, Goldfelberich, Mädchenauge, Lerchensporn, Wald-Scheinmohn und Gold-Erdbeere prägen mit ihren gelben Blüten zu unterschiedlichen Zeiten und in verschiedenen Höhen das Bild. Einzelne pink- und leuchtend rosafarbene Tupfer aus Eisenkraut, Stockrose, Storchschnabel und Prachtscharte bilden den Kontrast. Am Wasserbecken wiederholen die schmalblättrigen Taglilien die Blattform des Chinaschilfs und stehen in spannender Beziehung zu dem großblättrigen Schildblatt und der Telekie. Gelbe Narzissen läuten das Gartenjahr ein und Krokusse färben die Rasenfläche in ein dunkles Pink.**

Blumenzwiebeln & Sommerblumen

Besonders schöne Pflanzenbilder können durch die Ergänzung der Bepflanzung mit Blumenzwiebeln und Sommerblumen entstehen. Beiden ist eine relativ kurze Vegetationszeit gemein, und sie ermöglichen eine optimale Ausnutzung der zur Verfügung stehenden Fläche.

Eine große Bereicherung, vor allem im zeitigen Frühjahr, bietet das Sortiment der Blumenzwiebeln: Schneeglöckchen, Winterlinge, Krokusse und Blausternchen bilden dichte Teppiche, die sich gern dort flächig ausbreiten, wo sie sich wohl fühlen. Da sie gerne dort wachsen und blühen, wo die später austreibenden Stauden den Boden bedecken, können sie in vielen Pflanzungen auch nachträglich ergänzt werden.

Etwas später in der Blütezeit folgen die Narzissen, die einen eher kühlen und halbschattigen Standort bevorzugen, sowie die Tulpen, die es sonnig und warm lieben. Von beiden gibt es die vielfältigsten Blütenformen und -farben sowie unterschiedlichste Wuchshöhen. Später folgen Kaiserkrone und Zierlauch, Lilien und Präriekerze, und im Herbst können die Blüten von Alpenveilchen und Herbstzeitlosen für eine Überraschung sorgen.

Neu angelegte Gärten, deren Stauden und Gehölze noch nicht voll entwickelt sind, können mit ein- und zweijährigen Sommerblumen gut ergänzt werden. Sie wachsen in kurzer Zeit zu stattlichen Pflanzen heran und prägen so bereits im ersten Jahr das Bild der Pflanzung. Man sollte sie allerdings in der Staudenpflanzung berücksichtigen und ihnen ausreichend Platz einräumen, damit sie die gewünschten Stauden nicht unterdrücken und verdrängen.

Gut geeignet für diese Funktion sind der Fingerhut *(Digitalis purpurea)*, die Königskerze *(Verbascum olympicum)*, die Stockrose *(Alcea rosea)*, die Mondviole *(Lunaria annua)*, die Nachtkerze *(Oenothera biennis)* und das Eisenkraut *(Verbena bonariensis)*. Sie säen sich außerdem an geeigneten Standorten gerne selbst aus und füllen auf Dauer im Garten eine hier oder da entstehende Lücke in der Pflanzung wie von selbst.

Oben: **Die filigranen Blüten des zweijährigen weißen Fingerhutes *(Digitalis purpurea* 'Alba') verleihen der halbschattigen Pflanzung eine heitere und anmutige Stimmung.**

▼ Das **dunkelrote Laub** des Purpurglöckchens *(Heuchera micrantha* 'Palace Purple') unterstreicht die rosaroten Blütenschirme der Fetthenne *(Sedum telphium* 'Möhrchen') und des großen Wasserdostes *(Eupatorium maculatum* 'Atropurpureum'). Die weißen Blüten der Herbstanemone *(Anemone japonica* 'Honorine Jobert') und das Reitgras *(Calamagrostis × acutifora* 'Karl Förster') lockern das Bild auf.

◄ Die Kombination der verschiedenen **weiß blühenden Stauden** ergeben zusammen mit dem silbrig grauen Laub von Wollziest *(Stachys byzantina* 'Silver Carpet') sowie dem blaugrauen, breitblättrigen Schillergras *(Koeleria glauca)* einen kühlen und fast feierlich wirkenden Eindruck.

Pflanzbeispiele

Hier finden Sie einige Beispiele von strukturierten Staudenpflanzungen mit einer jeweils ganz eigenen Atmosphäre. Alle vier Beispiele besitzen stimmige Proportionen, weisen eine rhythmische Anordnung auf und sind sowohl von den Farbwerten (Blüten- und Laubfarben) als auch der Anordnung der Farbflächen (Blütenform und -größe) her ausgewogen. In jedem Beispiel wird der Blick bewusst von der Anordnung der Pflanzen geleitet. Außerdem besitzt jede Pflanzung einen begrenzenden Hintergrund und eine deutliche Höhenstaffelung.

► Diese **filigran und »impressionistisch« wirkende Pflanzung** besteht aus Katzenminze *(Nepeta faassenii)*, Glockenblumen *(Campanula)* und Scabiosen *(Scabiosa caucasica* 'Perfecta'). Das dunkelrote Laub des Zierfenchels *(Foeniculum vulgare* 'Atropurpureum') und des Wassersdosts *(Eupatorium rugosum* 'Chocolate') bildet den Hintergrund.

▲ Die **freundliche gelbgrüne Staudenrabatte** scheint, obwohl selbst im Schatten, in der Sonne zu leuchten. Die lockeren grüngelben Blüten des Frauenmantels *(Alchemilla mollis)*, die senkrechten Blütenrispen der Binsenlilie *(Sisyrinchium striatum)* und die Blütenquirle des Brandkrauts *(Phlomis russeliana)* passen hervorragend zum gelblichen Laub der Hecke im Hintergrund.

Checkliste zur Bepflanzung des Gartens auf Seite 86/90/94

Das grüne Gerüst – Großgehölze, Kletterpflanzen und Hecken

botanischer Name	deutscher Name	Größe (m)	Blütezeit (Monate)	Blütenfarbe	Blatt	Sonstiges
Großgehölze						
Malus 'Wintergold' (vorh.)	Zierapfel	4,00–6,00	5–6	zartrosa bis weiß	dunkelgrün	Frucht gelb, lange haftend
Pyrus 'Conference' (vorhanden)	Birne	6,00–8,00	4–5	weiß	dunkelgrün	weitgehend schorffest, Frucht süß-aromatisch
Chimonanthus praecox	Winterblüte	2,00–3,00	12–3	hellgelb und purpurn	hellgrün	Herbstfärbung gelbgrün, Blüte duftend
Cydonia oblonga 'Bereczki'	Birnen-Quitte	5,00	4–5	weiß, groß	dunkelgrün	Frucht gelbgrün, duftend, birnenförmig, Ernte Oktober
Laburnum × watereri 'Vossii'	Goldregen	5,00	5–6	gelb	dunkelgrün	giftig, Blüte duftend
Kletterpflanzen						
Campsis radicans 'Flava'	Gelbe Klettertrompete	bis 8,00	7–9	gelb	hellgrün	–
Hecken						
Thuja occidentalis (vorhanden)	Lebensbaum	2,00 (geschnitten)	4–5	gelbbraun, unscheinbar	immergrüne Nadeln	–
Taxus baccata	Eibe	bis 1,50 (geschnitten)	–	–	immergrüne Nadeln	Frucht giftig

Blühende Dekoration – Sträucher, Rosen, große Gräser und Kletterpflanzen

Sträucher und Rosen						
Buxus sempervirens var. *arborescens*	Buchsbaum (als Kugel)	0,40–0,60	–	–	immergrün	–
Corylopsis pauciflora	Glockenhasel	1,00–1,50	3–4	hellgelb	hellgrün	Herbstfärbung gelb
Hypericum 'Hidcote'	Johanniskraut	0,80–1,50	7–10	leuchtend gelb	dunkelgrün	wintergrün
Mahonia bealei	Schmuckblatt-Mahonie	2,00	3–4	hellgelb	dunkelgrün, glänzend	immergrün, Blüte duftend
Paeonia lutea	Strauch-Pfingstrose	1,00	5	gelb	hellgrün	–
Rosa 'Golden Border'	Beetrose	0,50	5–10	schwefelgelb	dunkelgrün	Blüte duftend
Rosa pimpinellifolia 'Aicha'	Strauchrose	1,50	öfter blühend	leuchtend gelb	dunkelgrün	–
Rubus odoratus	Zimt-Himbeere	1,50–2,00	6–8	pink	dunkelgrün	Frucht essbar
Große Gräser						
Miscanthus japonicus	Riesen-Chinaschilf	3,00	–	–	grün, weißer Mittelnerv	–
Miscanthus sinensis 'Strictus'	Zebraschilf	1,50	9–10	silbrig	gelbgrün quer gestreift	aufrecht wachsend
Kletterpflanzen						
Akebia quinata	Akebie	bis 6,00	5	dunkelrosa	dunkelgrün, glänzend	z. T. wintergrün, Blüte duftend
Clematis armandii	Waldrebe	bis 3,00	3–5	weiß	immergrün	Blüte nach Orangen duftend
Clematis orientalis	Waldrebe	3,00–6,00	7–10	gelb	hellgrün	–
Hedera helix	Efeu	3,00	–	–	dunkelgrün	immergrün
Hedera helix 'Goldheart'	Efeu	3,00	–	–	dunkelgrün mit gelber Mitte	immergrün
Parthenocissus tric. 'Veitchii'	Wilder Wein	bis 15,00	6–7	gelbgrün, unscheinbar	sattgrün, glänzend	Herbstfärbung orange bis rot
Rosa 'Alchymist'	Rambler-Kletterrose	3,00	einmal blühend	gelb	dunkelgrün	Blüte nach Honig duftend

Flächendecker und Lückenfüller – Stauden, Kräuter, Gräser, Wasser- und Sumpfpflanzen, Zwiebelpflanzen

Beete an Sonnenterrasse und Rasen 1

Stauden							
Alcea rosea	Stockrose	1	2,00	7–9	leuchtend rosa	sattgrün	–
Alchemilla mollis	Frauenmantel	22	0,40	6–8	gelbgrün	gelbgrün	samt sich aus
Aquilegia chrysantha	Akelei	5	0,60	5–6	gelb	moosgrün	–
Aster dumosus 'Herbstgruß vom Bresserhof'	Herbstaster	5	0,40	9–10	leuchtend rosa	dunkelgrün	–
Bergenia 'Morgenröte'	Bergenie	15	0,30	4–5	leuchtend rosa	dunkelgrün, glänzend	immergrün
Coreopsis 'Moonbeam'	Mädchenauge	10	0,40	6–8	zitronengelb	moosgrün	–
Corydalis lutea	Gelber Lerchensporn	3	0,20	5–10	gelb	hellgrün	samt sich aus
Dicentra spectabilis	Tränendes Herz	3	0,80	5–6	pink	moosgrün	–
Digitalis purpurea	Fingerhut	10	1,30	6–7	pink	hellgrün	giftig, oft nur 2-jährig, samt sich aus
Echinacea purpurea	Sonnenhut	3	0,90	7–9	leuchtend rosa	dunkelgrün	–
Euphorbia polychroma	Wolfsmilch	10	0,40	6–8	gelbgrün	hellgrün	–
Geranium psilostemon	Storchschnabel	3	0,60	6–7	dunkelpink	sattgrün	–
Helianthus microcephalus 'Lemon Queen'	Sonnenhut	2	1,60	9–10	zitronengelb	sattgrün	–

botanischer Name	deutscher Name	Stück	Größe (m)	Blütezeit (Monate)	Blütenfarbe	Blatt	Sonstiges
Helleborus foetidus	Palmwedel-Nieswurz	3	0,60	2–4	grünlich	dunkelgrün, glänzend	–
Hosta fortunei 'Aurea'	Frühlingsgoldfunkie	4	0,60	7–8	helllila	Austrieb gelb	–
Lathyrus latifolius	Wicke	3	2,50	7–9	pink	sattgrün	klettert am Zaun
Lathyrus vernus	Frühlingswaldwicke	5	0,30	4–5	dunkelpink	sattgrün	–
Liatris spicata	Prachtscharte	3	0,70	7–8	pink	sattgrün	–
Lysimachia punctata	Goldfelberich	5	0,80	6–8	gelb	hellgrün	Rhizomsperre, da sich stark ausbreitend
Meconopsis cambrica	Wald-Scheinmohn	10	0,30	6–9	gelb	hellgrün	samt sich aus
Primula vialii	Orchideenprimel	3	0,40	6–7	rosa-pink	sattgrün	–
Verbena bonariensis	Eisenkraut	5	1,00	6–10	pink	dunkelgrün	bedingt winterhart, samt sich aus
Waldsteinia ternata	Golderdbeere	20	0,10	3–5	gelb	sattgrün	immergrün
Kräuter							
Melissa officinalis 'Aurea'	Zitronenmelisse	3	0,70	7–8	weiß	gelb	–
Zwiebelpflanzen							
Allium 'Purple Sensation'	Persischer Lauch	10	0,80	5	lila	sattgrün	Blatt zieht früh ein
Allium giganteum	Riesenlauch	10	1,50	6–7	lila	sattgrün	Blatt zieht früh ein
Colchicum 'Autumn Queen'	Herbstzeitlose	45	0,20	9–10	pink	dunkelgrün	giftig, Blätter erscheinen im Frühjahr
Eranthis hyemalis	Winterling	50	0,05	2–3	gelb	sattgrün	–
Narcissus 'Arctic Gold'	Trompeten-Narzisse	40	0,45	3	gelb	sattgrün	–
Narcissus cyclamineus 'February Gold'	Alpenveilchen-Narzisse	85	0,30	2	gelb	sattgrün	–
Tulipa 'Maytime'	Lilienblütige Tulpe	40	0,50	5	pink	sattgrün	–

Beete am Abendsitzplatz mit Wasserbecken [2]

Stauden							
Aconitum lamarckii	Wolfs-Eisenhut	5	1,00	6–8	gelb	sattgrün	giftig
Alchemilla mollis	Frauenmantel	10	0,40	6–8	gelbgrün	gelbgrün	samt sich aus
Corydalis lutea	Gelber Lerchensporn	5	0,20	5–10	gelb	hellgrün	samt sich aus
Darmera peltata	Schildblatt	1	1,00	4–5	leuchtend rosa	sattgrün, glänzend	blüht vor Blattaustrieb
Euphorbia polychroma	Wolfsmilch	10	0,40	6–8	gelbgrün	hellgrün	–
Geranium psilostemon	Storchschnabel	5	0,60	6–7	dunkelpink	sattgrün	–
Hemerocallis 'Corky'	Taglilie	3	0,80	7–9	gelb	hellgrün	–
Hosta 'Aureomarginata'	Grüne Goldrandfunkie	5	0,50	7–8	helllila	grün mit gelbem Rand	–
Liatris spicata	Prachtscharte	3	0,70	7–8	pink	sattgrün	–
Lysimachia nummularia	Pfennigkraut	10	0,05	5–8	gelb	gelbgrün	–
Lythrum salicaria	Blutweiderich	3	0,80	6–8	pink	sattgrün	–
Telekia speciosa	Telekie	3	1,50	6–8	gelb	sattgrün	–
Waldsteinia ternata	Golderdbeere	10	0,10	3–5	gelb	sattgrün	immergrün
Gräser							
Hakonechloa macra 'Aureola'	Japanwaldgras	3	0,30	8	bräunlich	gelbgrün gestreift	–
Sumpf- und Wasserpflanzen							
Caltha palustris	Sumpfdotterblume	5	0,30	4–5	gelb	moosgrün	–
Equisetum hyemale var. *robustum*	Riesen-Schachtelhalm	1	2,50	–	–	dunkelgrün	–
Iris pseudacorus	Sumpfschwertlilie	3	1,00	6–7	gelb	sattgrün	–
Lythrum salicaria	Blutweiderich	1	0,80	6–8	pink	sattgrün	–
Nymphoides peltata	Seekanne	3	0,10 (Blüte)	6–8	gelb	sattgrün	Schwimmblattpflanze
Zwiebelpflanzen							
Allium 'Purple Sensation'	Persischer Lauch	15	0,80	5	lila	sattgrün	Blatt zieht früh ein
Allium giganteum	Riesenlauch	10	1,50	6–7	lila	sattgrün	Blatt zieht früh ein

Beete am Frühstücksplatz [3]

Stauden							
Alchemilla mollis	Frauenmantel	5	0,40	6–8	gelbgrün	gelbgrün	samt sich aus
Bergenia 'Morgenröte'	Bergenie	3	0,30	4–5	leuchtend rosa	dunkelgrün, glänzend	immergrün
Corydalis lutea	Gelber Lerchensporn	5	0,20	5–10	gelb	hellgrün	samt sich aus
Helleborus foetidus	Palmwedel-Nieswurz	1	0,60	2–4	grünlich	dunkelgrün, glänzend	–
Hemerocallis 'Corky'	Taglilie	2	0,80	7–9	gelb	hellgrün	–
Hosta fort. 'Aurea'	Frühlingsgoldfunkie	2	0,60	7–8	helllila	Austrieb gelb	–
Lathyrus vernus	Frühlingswaldwicke	5	0,30	4–5	dunkelpink	sattgrün	–

Im Rasen

Zwiebelpflanzen							
Crocus 'Flower Record'	Krokus	250	0,15	3–4	dunkelpink	dunkelgrün	–

Technik im Garten

> 6. Schritt

Technik:

Man sieht sie nicht ..., aber sie funktioniert!

Auch wenn ein Garten vor allem durch seine Pflanzen und seine Materialien wirkt und seine Ausstrahlung durch sie geprägt wird, gibt es einige technische Überlegungen, die bei der Planung des Gartens berücksichtigt werden sollten. Ein von Anfang an technisch gut durchdachter Garten erleichtert nicht nur die Pflege und Unterhaltung, sondern spart außerdem Zeit und Geld.

Viele technische Vorrichtungen sind in einem fertig gestalteten Garten oft nur mit hohem Aufwand nachrüstbar, da etwa die Führung der Leitungen unterirdisch erfolgen sollte und Wege, Terrassen oder Pflanzungen sonst in Mitleidenschaft gezogen würden. Bei der Konzeption ist es daher optimal, wenn die Gartentechnik parallel zur Planung des Hauses erarbeitet wird. In diesem Stadium kann man noch frei entscheiden, von wo aus im Haus welche Pumpe, Leuchte oder Steckdose geschaltet wird und ob für die Gartenbewässerung Leitungs-, Brunnen- oder Regenwasser aus der Zisterne verwendet werden soll. Ist das Haus fertig verputzt und tapeziert, ist eine zusätzliche Leitungsverlegung innen mit erheblichem Aufwand verbunden. Deshalb sollte man zumindest sämtliche Leitungen, die später für den Garten benötigt werden, schon beim Hausbau mit einplanen und verlegen lassen – auch wenn man sie vielleicht erst Jahre später aktiviert.

Grundsätzlich gilt, dass technische Einrichtungen im Garten optisch so wenig wie möglich wahrnehmbar sein sollten. So ist es beispielsweise praktisch, mehrere Wasserzapfstellen im Garten zu besitzen. Liegen sie an strategisch guten Plätzen, erleichtern sie die Bewässerung des Gartens erheblich, da ein kurzer Gartenschlauch besser und mit geringerem »Flurschaden« zu führen ist. Auf Dauer gesehen ist eine einfache und praktikable Handhabung auch optisch erkennbar, da die Pflanzen regelmäßig gegossen werden und sich gut entfalten können. Jedoch sollte nicht überall ein Rohr mit einem Wasserhahn im Weg stehen bzw. jede Zapfstelle zu einem Gestaltungselement stilisiert werden, da dies von der eigentlichen Atmosphäre ablenkt.

Das Gleiche gilt auch für die Beleuchtung des Gartens. Hier kommt es vor allem auf die Wirkung des Lichtes in der Dunkelheit an, auf die Effekte und die entstehende Stimmung, und weniger auf die Leuchte an sich. Besonders wichtig ist eine »unsichtbare Technik« bei Teichen, Bachläufen, Brunnen oder Wasserbecken. Ein sichtbarer Skimmer oder eine laute Pumpe zerstören jede Idylle.

Unten: **Unterflur-Zapfstellen erleichtern die Bewässerung des Gartens und sind nahezu unsichtbar. Deshalb lassen sie sich auch problemlos im Garten integrieren.**

Gartenbewässerung

Wasser ist für das Leben und die Pflanzen von elementarer Bedeutung. Vor allem in längeren Hitzeperioden im Sommer ist das Bewässern des Gartens oft unumgänglich, zeitintensiv und teuer. Deshalb sollte man hierzu vorab einige Überlegungen anstellen.

Die natürlichste Form der Gartenbewässerung ist der Regen. Daher liegt es nahe, dieses qualitativ hochwertige Wasser aufzufangen und zu nutzen. Je nach Größe des Gartens reicht hierfür entweder eine Wassertonne aus oder es wird eine Zisterne benötigt. Da Zisternen meist optisch wenig reizvoll und außerdem raumgreifend sind, ist es praktisch, sie im Boden zu versenken. Lediglich ein Schachtdeckel, der die Säuberung und Wartung ermöglicht, ist dann von ihnen zu sehen. Die Berechnung der Zisternengröße hängt ab:

- von der angeschlossenen Dachfläche
- von der Gartengröße
- von den regional sehr unterschiedlichen durchschnittlichen Regenmengen (zu erfahren beim nächstgelegenen Wetteramt)
- von der zusätzlichen Nutzung als Brauchwasser für die Toilettenspülung.

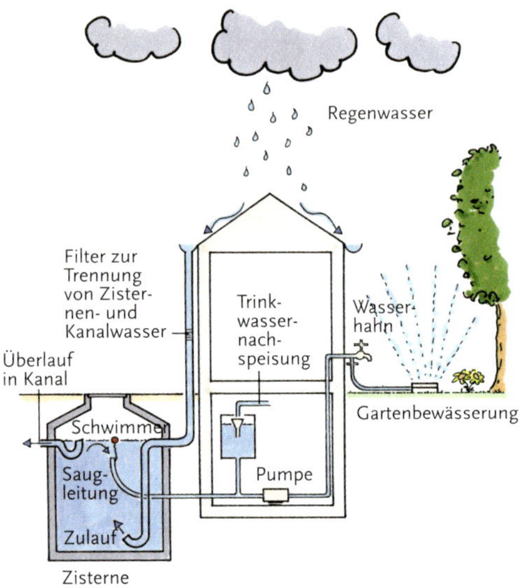

Das Wasser aus der Zisterne wird mit Hilfe einer Pumpe gefördert. Für kleinere Gartenräume und für die Bewässerung von Kübelpflanzen reicht hierfür eine mechanische Schwengelpumpe aus. Möchte man aber einen Gartenschlauch oder sogar eine automatische Bewässerungsanlage an die Zisterne anschließen, wird eine elektrische Pumpe mit entsprechender Leistungsfähigkeit benötigt. Die Pumpe sollte mit einem Trockenlaufschutz ausgestattet sein, der sie automatisch abschaltet, sobald nicht mehr ausreichend Wasser zur Verfügung steht. Für den Fall, dass die gesamte Gartenbewässerung über nur ein System erfolgen soll, muss auch eine manuelle oder automatische Frischwasserzuspeisung installiert werden, die das Auffüllen mit Leitungswasser ermöglicht.

Links: **Die Grafik zeigt im Schnitt, wie eine Zisterne an den Dachablauf angeschlossen und genutzt werden kann. Für die Pumpe wird Strom vor Ort benötigt.**

Zudem wird für regenreiche Zeiten ein Überlauf benötigt. Möchten Sie mit der Regenwassernutzung auch die Gebühren für das Abführen des Regenwassers in den Kanal sparen, muss dieses Überschusswasser auf dem Grundstück versickern. Sie erhalten hierzu bei Ihrer zuständigen Kommune die Anträge und Informationsmaterial. Beachten Sie jedoch, dass nicht jeder Boden zum Versickern geeignet ist. Auch bei periodisch hoch anstehendem Grundwasser ist ein Versickern nicht möglich.

Wollen Sie sich im Garten einen eigenen Brunnen bohren lassen, sollten Sie sich zuvor über die Wasserqualität informieren, da in manchen Regionen die Qualität des Grundwassers schlecht ist und es sich nicht für die Gartenbewässerung eignet. Außerdem wird meist eine Genehmigung benötigt.

Es gibt verschiedene Möglichkeiten, einen Garten zu bewässern. In aller Regel ist eine Wasserzapfstelle mit Leitungswasser an der Fassade des Hauses eingebaut. Von dort aus wird das Wasser entweder mit Hilfe von Gießkannen oder einem Gartenschlauch verteilt. Da ein Gartenschlauch auf größeren Entfernungen eher lästig und unpraktisch ist, empfiehlt es sich, an gut zugänglichen Stellen im Garten weitere Zapfstellen einzuplanen. Wichtig ist dabei, darauf zu achten, dass die Wasserleitung frostfrei und aus beständigem Material verlegt wird und dass ein Entleeren vor dem Winter möglich ist.

Eine Bewässerungsanlage, fest installiert, über die der gesamte Garten beregnet wird, ist die komfortable Lösung. Je nach Art der Pflanzung wählt man zwischen unterschiedlichen Regnertypen. Feststehende Kreis- oder Segmentregner eignen sich gut für gemischte Pflanzungen und größere Flächen. Sie können so platziert und eingestellt werden, dass nur die Vegetationsflächen besprengt werden. Die Terrasse oder der Nachbargarten bleiben ausgespart. Versenkregner liegen bodenbündig im Rasen und werden erst mit Hilfe des Wasserdruckes hochgeschoben. Sie werden vor allem für Rasen- und Staudenflächen verwendet.

Tröpfchen-Schläuche, haben eine enge räumliche Beschränkung und bieten sich daher für die Befeuchtung von Kübelpflanzen an. Aber auch für Pflanzen, deren Blüten oder Früchte empfindlich auf Wasser reagieren, ist die Tröpfchen-Bewässerung bestens geeignet.

Mit Hilfe eines Steuergerätes und einer Fühlersensorik ist es möglich, die Bewässerung vollautomatisch zu steuern. Hierbei zeigt ein Fühler an, ab wann die Erde zu trocken ist. Über eine Zeitschaltuhr gesteuert, springt die Anlage zu bestimmten, vorab festgelegten Uhrzeiten an. Die späten Abend- und frühen Morgenstunden eignen sich besonders, da zum einen die Pflanzen nicht durch die Wassertröpfchen unter der Sonneneinstrahlung verbrennen und zum anderen die Nutzung nicht gestört wird.

Ganz oben: **Die Segmentregner decken die Rasenfläche ab und verschwinden nach dem Wässern wieder im Rasen.**

Oben: **Eine Schwengelpumpe ist nicht nur ein nostalgisches und dekoratives Element, sondern kann in kleinen Gärten oder Innenhöfen auch sehr praktisch sein.**

Gartenbeleuchtung

Zu jeder Gartenplanung gehört für mich ein Beleuchtungskonzept. Sobald der Entwurf für den Garten feststeht, sollte ein Plan für die Gartenbeleuchtung entwickelt werden, um allen Anforderungen und Wünschen gerecht zu werden. Nur wenn die Beleuchtung auf die Lebensgewohnheiten und den individuellen Geschmack der Gartenbesitzer abgestimmt ist und sie sich in den fertigen Garten integriert, wird sie nicht nur dekorative Staffage sein. Sie erweitert den »Erlebnisraum Garten« um weitere Stimmungen, ermöglicht bestimmte Nutzungen, die ohne Licht nicht möglich wären, und bereichert das Leben in und mit dem Garten um ein Vielfaches.

Zu Beginn sollte man sich Gedanken darüber machen, wo Licht für die aktive Nutzung des Gartens benötigt wird. Beispielsweise sollte die Ausleuchtung des Weges zum Haupteingang des Hauses genauso mitbedacht werden wie die Beleuchtung von Wegen im Garten, die man häufig nutzt. Vor allem vor Stufen ist eine gute Beleuchtung unverzichtbar. Selbst wenn man »seinen« Weg genau kennt, ist das sprichwörtliche »Tappen im Dunkeln« nicht ratsam.

Hier ist auch das Sicherheitslicht zu bedenken. Es wird über Bewegungsmelder gesteuert und strahlt das Hausumfeld hell aus, um ungebetene Besucher abzuschrecken. Dieses Licht sollte so installiert werden, dass es die Bewohner im Haus nicht blendet.

Oben: **Der Eingang und die Terrasse sind dezent ausgeleuchtet – der indirekt angestrahlte Baum bestimmt die einladende Atmosphäre.**

Links: Der Kontrast von Licht und Schatten schafft Stimmung. Der Eingangsbereich ist einladend hell, während der Gartenbereich nur punktuell ausgeleuchtet wird.

Unten: Die indirekte Beleuchtung nimmt das Plattenraster der Terrassenfläche auf und ist tagsüber nicht sichtbar. Abends entstehen schöne Schattenspiele von den Blättern der Agaven an der Wand.

Im Terrassenbereich ist abzuwägen, wofür man das Licht nutzen will. Soll es abends den Tisch beim Essen oder Spielen ausleuchten, kann es etwas heller sein. Dies hat allerdings vor allem im Sommer den Nebeneffekt, dass jede Menge Insekten vom Licht angelockt werden, was viele Gartenfreunde als wenig angenehm empfinden. Für einen gemütlichen Abend reicht ansonsten gedämpftes, weiches Licht aus. Für die Terrassenbeleuchtung empfehle ich den Einbau eines Dimmers. Mit ihm kann die Lichtstärke frei variiert werden. Besitzt der Garten einen zweiten Sitzbereich, sollte man auch hier überlegen, ob eine Beleuchtung für eine optimale Nutzung gewünscht ist. Eine kleine versteckte Leuchte, die an warmen Sommerabenden genug Licht zum Lesen ausstrahlt, kann im Winter dem eingeschneiten Sitzplatz eine fast feierliche Atmosphäre verleihen.

Des Weiteren sollte man alle Bereiche, die später als Arbeitsflächen im Garten dienen, ausreichend ausleuchten können. Hiermit meine ich nicht nur das Innere des Gartenhauses, sondern z. B. auch die Fläche hinter der Garage, wo das defekte Fahrrad repariert oder Kaminholz gehackt wird. Bedenken Sie hierbei immer, dass es im Winter oft schon ab 17 Uhr dunkel wird und man diese Einschränkung leicht mit dem entsprechenden Licht ausgleichen kann.

Plant man das »Funktionslicht«, sollte man zugleich auch über eine sinnvolle Platzierung von Steckdosen nachdenken. Sie können beispielsweise für den Elektrogrill, den elektrischen Rasenmäher oder die Heckenschere benötigt werden oder bieten die Möglichkeit, für Feste auch die Stereoanlage in den Garten zu verlegen. Alle Steckdosen sollten, wenn sie nicht benötigt werden, von innen ausgeschaltet werden können. Zudem sind Steckdosen in der Nähe des Teiches oder des geplanten Brunnens sehr praktisch, da sie für die Umwälzpumpe, einen Filter oder einen Skimmer genutzt werden können. Diese Steckdosen sollten einen separaten Schaltkreis erhalten, damit beispielsweise der Wasserspeier – unabhängig von der Schaltung der indirekten Gartenbeleuchtung – Wasser speien kann.

Stimmung schaffen

Indirekte Beleuchtung setzt Akzente und schafft Stimmungen, die sehr unterschiedlich sein können. Einzelne Szenen werden ausgeleuchtet, besondere Blickpunkte hervorgehoben oder Sichtachsen betont.

Das Beleuchtungskonzept

1. Markieren Sie im Entwurf alle Bereiche, die beleuchtet werden sollen: der Weg durch den Garten, die Terrasse, die kleine Arbeitsecke, der 2. Sitzplatz usw.
2. Betonen Sie alle Elemente, Blickpunkte oder -achsen, die indirekt angestrahlt werden sollen, mit einem farbigen Umriss.
3. Geben Sie allen Leuchten, die gemeinsam geschaltet werden sollen, die gleiche Zahl zur Kennzeichnung eines zusammenhängenden Schaltkreises.
4. Wählen Sie Leuchtentypen aus, die den Charakter des Gartens betonen.
5. Entscheiden Sie sich für die passenden Leuchtmittel – am besten bei einer Lichtprobe vor Ort.

Licht verändert den Garten. Ein bei Tageslicht klar strukturiert wirkender Gartenraum kann durch entsprechende Beleuchtung am Abend eine fast mystische Wirkung erhalten. Der Garten wird nicht als Ganzes erfasst, sondern als Summe der betonten Motive. Ist er abwechslungsreich gestaltet, kann er durch Beleuchtungsszenarien, die z. B. einmal verschiedene Pflanzenbilder und ein anderes Mal die hintere Sitzecke und eine verborgene Skulptur hervorheben, ganz unterschiedlich wirken. Geschickt platzierte Leuchten können kleine Gärten größer wirken und das urbane Umfeld vergessen lassen. Durch die Beleuchtung des Gartens entsteht abends eine besondere Beziehung zwischen Garten und Wohnraum. Die Zimmer enden optisch nicht mehr an der schwarz spiegelnden Fensterscheibe, sondern werden durch das Bild des Gartens belebt. Daher sitze ich auch gerne im Winter nur bei Kerzenlicht im Wohnzimmer und blicke auf meinen verschneiten, dezent beleuchteten Garten.

Oben: **Im Sommer und im Winter wirken die Fruchtstände des Grases in der Pflanzung wie kleine Skulpturen, die von einem Strahler hervorgehoben werden.**

Berücksichtigt man diese vielfältigen Möglichkeiten der Gartenbeleuchtung, benötigt man bei einem Garten mittlerer Größe nicht selten 10 bis 15 Schaltkreise. Eine flexible und vielseitige Schaltung der Leuchten ist technisch mit digitalen Bus-Systemen problemlos möglich. Die Schaltung erfolgt hierbei mittels einer Fernbedienung, die von jedem Standort aus betätigt werden kann. Bus-Systeme sind auch in bestehenden Häusern und Gärten leicht nachrüstbar.

Eine atmosphärisch dichte Stimmung entsteht durch Licht im Garten nur dann, wenn ein Kontrast zum dunklen Umfeld besteht. Wird der ganze Garten gleichmäßig mit Strahlern bestückt, ergibt dies ein einheitliches, langweiliges Bild ohne Spannung. Hier gilt das Prinzip: Weniger ist mehr!

Leuchten für den Außenbereich

werden in großer Vielfalt und in den verschiedensten Produktlinien angeboten. Sie machen Lust auf Licht im Garten. Von klassisch schlicht über antikisiert bis zu ultramodern ist alles vertreten. Es gibt für jede Gartensituation das passende Design.

Die Leuchtentypen lassen sich grob in folgende Kategorien einteilen:

- Mastleuchten: Sie haben einen hohen Lichtpunkt und eignen sich zum Ausleuchten von größeren Flächen.
- Halbhohe Standleuchten: Ihre Lichtpunkthöhe liegt unterhalb der Augenhöhe. Sie leuchten Wege oder kleine Gartenräume aus.
- Aufsatzleuchten: Dies sind kleine Leuchtenkörper, die auf Pflasterflächen, Mauern oder Geländer aufgesetzt werden können.
- Wandleuchten: Sie werden an vertikalen Flächen befestigt und können zur Betonung der Architektur und zur Ausleuchtung von Eingangsbereichen oder Terrassen eingesetzt werden.
- Einbauleuchten: Diese können bündig in Bauteile und Pflaster- oder Holzflächen eingebaut werden und dienen vornehmlich der Ausleuchtung von Wegen, Treppenstufen und Zufahrten.
- Fest montierte Strahler: z. B. Halogenstrahler zur Ausleuchtung von Baumkronen.
- Mobile Strahler mit Erdspieß: Sie dienen der Betonung von kleinräumigen Gartensituationen (z. B. einzelne Sträucher, Staudengruppen oder Skulpturen).
- Effektlicht: Leuchtdioden in Treppenstufen, zur farbigen Betonung, als Weihnachtsbeleuchtung.
- Unterwasser-Beleuchtung: für kleine und große Wasserbecken, Teiche oder Swimmingpools.
- Deko-Leuchten: Sie wirken als leuchtende Skulpturen in Form von Kugeln, Lichtstangen, Kegeln ... Der Fantasie der Hersteller und der Einsatzmöglichkeiten sind hier keine Grenzen gesetzt.

Rechts: **Am Abend wird der Brunnen am Ende der Wasserachse aus seinem Schattendasein geweckt. Zusätzlicher Effekt: Er spiegelt sich im Wasser wider.**

Die Wahl der Leuchtmittel entscheidet über die Lichtfarbe, die Intensität und den Energieverbrauch und bestimmt maßgeblich die Atmosphäre. Um zu entscheiden, ob ein weiches, eher gelbliches Licht, ein strahlend weißes oder vielleicht sogar ein intensiv blaues, rotes oder violettes Licht in der entsprechenden Situation die gewünschte Stimmung schafft, empfehle ich eine Lichtprobe vor Ort. Auf jeden Fall sollte man sich bei allen gleichzeitig geschalteten Leuchten für die gleiche Lichtfarbe entscheiden. Ein Mix aus verschiedenen Lichtfarben und -stärken wirkt sehr unruhig.

Bau & Umsetzung

> 7. Schritt

Aus dem Plan wird ein Garten

Ist die Planung abgeschlossen und sind alle notwendigen Entscheidungen getroffen, kann mit der praktischen Umsetzung vor Ort begonnen werden. Wenn Sie sich nicht täglich mit dem Bau und der Umsetzung von Gärten beschäftigen, ist es ratsam, sich einen Abfolgeplan zu erstellen, in dem genau vermerkt wird, in welcher Reihenfolge welche Arbeiten durchgeführt werden und wie sie aufeinander aufbauen. Nichts ist ärgerlicher, als später einen fertigen Weg wieder aufnehmen zu müssen, weil eine Leitung oder ein Fundament vergessen wurde. Außerdem hat ein solcher Zeitplan den Vorteil, dass man alle benötigten Materialien, Maschinen und Geräte für die nächste Phase frühzeitig besorgen und bereitstellen kann und es zu keinem ungewollten Stillstand während der Bauzeit kommt.

Allerdings werden Sie eine Unsicherheit niemals ausschließen können: das Wetter. Viele Arbeiten sind (vor allem bei bindigen, also lehmig-tonigen Böden) bei zu nassem, zu kaltem oder zu trockenem Wetter nicht fachgerecht möglich. Zudem ist das Umpflanzen vorhandener Gehölze oder die Neupflanzung vor allem größerer Pflanzen auch jahreszeitlich eingeschränkt. Die so genannte Pflanzzeit beginnt nach dem Laubfall – etwa Ende Oktober – und endet, wenn die Pflanzen wieder durchtreiben – also spätestens Mitte April.

Möchten Sie die Arbeiten im Garten nicht selbst durchführen, sind die Firmen des Garten- und Landschaftsbaus Ihre qualifizierten Ansprechpartner. Zu deren Leistungsbild gehören alle Arbeiten, die bei der Neuanlage und Pflege eines Gartens anfallen: Das Pflastern und Plattenverlegen, der Bau von Holzterrassen und das Setzen von Zäunen oder Pergolen, der Bau von Teichen und Wasserbecken sowie die Boden- und Pflanzarbeiten sind ihr Metier.

Oben: **Während der Bauphase kann man sich zeitweise nur schwer vorstellen, dass es später grünen und blühen wird.**

Ein Garten entsteht!

Als Erstes beginnt man mit den so genannten »vorbereitenden Arbeiten«. Hierzu gehört zum Beispiel, gute Zuwege zum Arbeiten zu schaffen. Alles, was im »neuen« Garten nicht mehr gebraucht wird, wird entfernt: der alte Sandkasten, die defekte Teichfolie, die kaputte Tischtennisplatte ... Aber auch das Zurückschneiden, Ausgraben, Fällen oder Roden von nicht mehr gewünschten Pflanzen sowie das Sichern und Schützen von dekorativen vorhandenen Gehölzen und Stauden gehört zu den ersten Arbeitsschritten. Müssen Pflanzen für eine gewisse Zeit weichen, werden sie an einem geschützt liegenden Ort eingeschlagen, d. h. provisorisch umgepflanzt, bis sie an ihren neuen Standort gesetzt werden können.

Als Nächstes folgt das grobe Bodenplanum, d. h. die Grobprofilierung des Gartens. Der Garten wird so modelliert, dass er sein neues Profil erhält. Dabei ist zu berücksichtigen, dass z. B. die Wege so tief ausgeschachtet werden, dass ausreichend Platz für den Unterbau bleibt.

Der vorhandene unkrautfreie Mutterboden (etwa die obersten 30 cm) sollte in dieser Phase gesondert gelagert und später in die Vegetationsflächen wieder eingebaut werden. Ein Durchmischen mit den tieferen Bodenschichten ist aus bodenökologischen Gründen nicht ratsam. Ist der Boden mit Wurzelunkräutern durchsetzt, wie z. B. Quecke, Giersch, Hahnenfuß oder Winde, sollte er besser entsorgt werden. Man erspart sich damit eine nicht enden wollende Sisyphus-Arbeit.

Außerdem werden bereits jetzt

sämtliche Stromkabel, Wasserrohre, Drainagen und Schächte eingebaut. Damit sie später nicht irgendwo, sondern wie gewünscht genau parallel zum Weg oder mittig im Beet liegen, muss der Garten genau vermessen werden. Hierzu sind Bandmaß, Zollstock, Wasserwaage, Schnüre, Schnurnägel und Wachskreide unverzichtbare Hilfsmittel. Das genaue Einmessen der geplanten Höhen ist entweder mit einem Schnurgerüst und einer Wasserwaage oder mit einem Nivelliergerät möglich. Wichtige Bezugspunkte sollte man zusätzlich mit einem zweiten Maß gegenprüfen, um später keine unangenehmen Überraschungen zu erleben.

Die Höhenabfangungen

werden als Nächstes hergestellt und sämtliche Fundamente vorbereitet. Trockenmauern, Winkelsteine oder Palisaden werden gesetzt und mit Boden verfüllt.

Oben: **Der Bagger hat seine Arbeit getan: Das Rohplanum – in diesem Beispiel die grobe Modellierung des späteren Teiches – ist fertig gestellt.**

Auch der Bau des Teiches sollte zu diesem Zeitpunkt eingeplant werden. Hier ist darauf zu achten, dass die Folienabdichtung im fertigen Zustand möglichst nicht sichtbar ist. Am besten erreicht man dies, wenn das letzte Stück Folie beispielsweise zwischen den Steinen der angrenzenden Terrasse senkrecht nach oben geführt wird und nur eine schmale schwarze Linie in der Fuge zu sehen ist. Wichtig ist auf jeden Fall, dass keine kapillare Verbindung zwischen dem Teich und den angrenzenden Erdflächen besteht, da der Teich sonst sehr schnell viel Wasser an die benachbarten Pflanzflächen verliert. Diese »Dochtwirkung« ist auch bei älteren Teichen die häufigste Ursache für massiven Wasserverlust.

Es folgt der Bau der Wege,

Terrassen und Sitzplätze. Hierfür wird als Erstes eine Schotterschicht als Unterbau eingebaut und verdichtet. Diese Schicht dient als Frostschutz und Tragschicht und verhindert frostbedingte Absackungen oder Hebungen der fertigen Flächen. Danach werden hierauf die Einfassungen mit einer so genannten Rückenstütze in ein Mörtelbett gesetzt, um der fertigen Fläche seitlichen Halt zu geben. Dann erfolgt das Auspflastern und das Verfugen der Fläche.

Links: Das Abstecken des Gartens: Hierzu werden alle wichtigen Eckpunkte und Linien eingemessen, markiert und die Höhen nivelliert.

Unten: Die Trockenmauer, die die rückwärtige Seite des Teiches bilden soll, muss sorgfältig und mit Liebe zum Detail gesetzt werden, damit ein harmonisches Gesamtbild entsteht.

Wegbau in der Praxis

1. Einbau der Schottertragschicht.
2. Abrütteln der Tragschicht mit einer Rüttelplatte.
3. Zuerst wird die Randeinfassung gesetzt, …
4. … danach ausgepflastert, verfugt und der angrenzende Boden beigezogen.

Ist eine Holzterrasse

geplant, wird ebenfalls eine Schottertragschicht hergestellt. Sie dient vor allem als Sauberkeitsschicht. Auf ihr erfolgt die Konstruktion aus Balkenlage und Abdeckbrettern. Je nach Höhe der Holzterrasse ist außerdem eine seitliche Verblendung ratsam.

Zum Schluss der »Bauarbeiten« werden die Zäune, Pergolen, Regner, Leuchten usw. gesetzt.

… zum Schluss kommen die Pflanzen!

Für die meisten Gartenbesitzer sind die Pflanzen das Wichtigste im Garten. Nach den Stein-, Beton- und Holzarbeiten, nach dem Schaffen der festen Strukturen, folgt nun das Vorbereiten der Vegetationsflächen und das Pflanzen von Gehölzen und Stauden.

Voraussetzung für einen schönen Garten, für die gute Entwicklung der Pflanzflächen und für eine dichte grüne Rasenfläche ist eine entsprechende Bodenqualität. Nachdem die »Bauarbeiten« im Garten abgeschlossen sind, d. h. die Wege und Terrassen fertig gestellt, die Rasenkante gesetzt, die Zäune und Mauern errichtet und die Teichsohle mit Steinen und Kies abgedeckt ist, werden alle Flächen sorgfältig gesäubert. Anschließend werden die künftigen Beete und die Rasenflächen gefräst oder im Bereich des Wurzelraums vorhandener Gehölze vorsichtig umgegraben und gelockert. Wo es notwendig ist, deckt man zusätzlichen Mutterboden an.

Je nach Bodenbeschaffenheit und geplanter Pflanzung kann es erforderlich sein, den Boden zunächst aufzubereiten. Beispielsweise ist es hilfreich, einen sehr bindigen (lehmig-tonigen) Boden im Bereich des Rasens mit Sand abzumagern; damit erhöht man seine Belastbarkeit und setzt die Neigung zum Vermoosen herab. Manche Pflanzen wie Rhododendron, Lavendelheide, Azaleen oder Seidelbast benötigen einen sauren, eher torfigen Boden. Damit sie nicht wie in Töpfen von Lehm umgeben stehen und sich auch langfristig gut entwickeln können, sollte eine spezielle Pflanzerde (Moorbeeterde) großflächig eingearbeitet werden.

Oben: **Sobald der Zaun fertig gestellt ist, kann die Bodenvorbereitung und Pflanzung bzw. Aussaat erfolgen.**

Rechts: **Der Rollrasen wird auf ein sorgfältig gezogenes Planum wie ein Teppich eng schließend aneinander gelegt und abgewalzt.**

Links: Dieser Solitär-Ahorn ist ein wenig zu tief gepflanzt. Der Stamm versinkt im Boden, die Wurzelanläufe sind nicht sichtbar.

Zur Bodenvorbereitung

Zur Bodenvorbereitung gehört aber auch eine Grunddüngung des Bodens. Hat man eine Bodenuntersuchung durchführen lassen oder den Boden anhand von Zeigerpflanzen analysiert, ist ein gezieltes Ausbringen des passenden Düngers möglich.

Der Dünger sollte mit Bedacht und entsprechend der beiliegenden Anleitung ausgebracht werden. Oft ist ein Zuviel für die Entwicklung der Pflanzen eher nachteilig. Bei all diesen Arbeiten ist es wichtig, den Boden bei geeigneter Witterung zu bearbeiten. Vor allem bindige (lehmig-tonige) Böden reagieren sehr empfindlich, wenn sie in zu nassem Zustand gefräst, umgegraben oder häufig betreten werden.

Beim Pflanzen

Beim Pflanzen gibt es einige Regeln zu beachten, die nahezu immer gelten:

- Alle Pflanzen sollten so eingepflanzt werden, dass der Bodenanschluss identisch mit der vorherigen Bodenhöhe ist. Betrachtet man die Pflanzen genau, kann man an der leichten Verfärbung der Rinde oder an der Belaubung sehen, wo vorher Erde und wo Luft war. Viele Pflanzen reagieren auf zu tiefes Einpflanzen sehr empfindlich.
- Mitgelieferte Behältnisse werden beim Pflanzen vollständig entfernt. Nur verrottbare Ballentücher oder Drahtballierungen, die an den Verknotungen gelöst werden müssen, können im Pflanzloch verbleiben.
- Nach dem Einpflanzen werden die Pflanzen sorgfältig angegossen. Dies dient nicht nur der Befeuchtung, sondern soll vor allem zum Bodenschluss an den Wurzeln führen.
- Große Gehölze sollten mit Baumpfählen oder Dreiböcken fixiert werden, damit die Wurzeln die Chance haben, sich seitlich des Ballens zu verankern. Fehlt diese Fixierung, kommt es bei Wind immer wieder zu Bewegungen im Ballenbereich und die empfindlichen Wurzeln werden abgerissen.
- Kletterpflanzen sollten vorsichtig in die Rankvorrichtung eingeflochten und mit Gärtnerbast befestigt werden, damit eine schnelle Eingrünung erfolgt.

Nach der Pflanzung heißt es jetzt nur noch: Geduld haben und die Entwicklung des Gartens bewusst genießen.

Unten: Damit die Staudenpflanzung später richtig zur Wirkung kommt, werden die Pflanzen entsprechend gruppiert und auf den Beeten ausgelegt. Ist man mit der Anordnung zufrieden, können sie eingepflanzt werden.

Pflege & Entwicklung

Leben im Garten heißt:

Es sich entwickeln lassen!

Die Gartenarchitektur ist die einzige Zunft innerhalb der bildenden Künste, deren Produkt sich sowohl im Verlauf der Jahreszeiten als auch über die Jahre hinweg stetig verändert. Dies ist auf der einen Seite enorm spannend und macht einen Großteil des Reizes aus, der von Gärten ausgeht. Man wird immer wieder von unvorhersehbaren Entwicklungen überrascht und kann täglich etwas Neues auch in seinem eigenen Garten entdecken. Hier kann man lernen, sich für die kleinen, alltäglichen Wunder zu öffnen und zu begeistern: eine Gruppe mit unterschiedlich gezeichneten Fingerhüten, die sich in einer schattigen Ecke von allein ausgesät hat und hier ihren besonderen Zauber verbreitet; die Strauch-Pfingstrose, die, obwohl schon seit Jahren im Garten zu Hause, zum ersten Mal eine ihrer seidenen Blüten zeigt; oder die Fuchsie, die im letzten Herbst draußen vergessen wurde und unerwartet im Mai beginnt, Blätter zu treiben … – dies nur als Beispiel für drei meiner eigenen kleinen Gartenwunder!

Und vielleicht noch ein Beispiel: Vor einigen Jahren plante ich einen Garten für eine junge Familie mit vier Kindern. Der Vater, ein beruflich stark eingespannter Rechtsanwalt, hielt sich bei den Planabstimmungen immer etwas heraus, mit der Begründung, er würde sowieso am wenigsten Zeit im Garten verbringen. Durch den Garten sollte sich ein Weg ziehen, der immer neue Blickrichtungen

ermöglicht, und ich schlug an verschiedenen Punkten kleine Sitzmöglichkeiten zum kurzen Verweilen vor: ein Sitzstein hier, eine Teakbank dort. Obwohl der Hausherr dies für völlig unnötig hielt, wurden sie eingesetzt. Ein gutes Jahr später sagte dieser Bauherr, er würde, zu Hause angekommen, als Erstes eine Runde durch den Garten gehen und sich so viel Pause im Garten gönnen, bis er ausreichend Abstand zur Arbeit gefunden habe. Ohne seinen Garten und diesen Weg mit den Sitzecken wollte er nie wieder leben. Er hat die Entwicklung des Gartens als seine Art der Entspannung entdeckt.

Diese ständige Veränderung hat auch eine Kehrseite: Ein Garten will gepflegt werden. Um sich im Laufe der Jahre zu dem zu entwickeln, was zu Beginn geplant war, braucht er die Hand und den Geist eines Gärtners. Viele meiner Bauherren wünschen sich einen »pflegeleichten« Garten. Gemeint ist damit aber meist eher »pflegearm«, denn diesen Gartenbesitzern geht es nicht darum, dass es sich um leichte Gartenarbeit handeln soll, die schnell erlernbar und körperlich nicht zu anstrengend ist. Sie wünschen sich einen Garten, in dem wenig Zeit für die Pflege benötigt und viel Zeit für's Lesen, Essen, Feiern oder Sonnenbaden bleibt.

Dies ist keine Wertung, ganz im Gegenteil: Auch ich probiere in meinem Garten immer wieder neue Dinge aus, um mehr Zeit für Freunde und Familie zu haben.

Oben: **Vor dem Austrieb der Gräser im Vorfrühling werden die trockenen Horste dicht über dem Boden zurückgeschnitten. So kann der Gartenfreund den Austrieb im Frühling in vollen Zügen genießen.**

Der Weg zum pflegearmen Garten

Jeder Garten kann so geplant, gebaut und bepflanzt werden, dass er wenig Zeit benötigt. Ein entscheidendes Kriterium hierbei ist die Auswahl der Materialien und Pflanzen. Aber auch der sorgfältige Bau und die gut vorbereitete Pflanzung können stets wiederkehrende Arbeiten ersparen.

Bei Wegen und Terrassen sind die Auswahl des Materials und die Art der Verfugung ausschlaggebend. Eine glatte, möglichst unstrukturierte Oberfläche säubert sich bei jedem Regen fast von alleine, vorausgesetzt, die angrenzenden Beete liegen etwas tiefer, sodass keine Erde auf die Flächen geschwemmt wird. Der Stein sollte hart und fest sein. Je weniger Wasser er aufnehmen kann, desto geringer die Chancen für Moose und Flechten. Außerdem ist ein solcher Stein auch unempfindlicher, wenn am Esstisch das Salatöl, der Rotwein oder das Wachs der Kerze herabtropft.

Eine dauerhafte, feste Verfugung erspart Zeit und Nerven, da das Freikratzen, -spritzen oder -brennen der verunkrauteten Fugen entfällt und auch Ameisen keinen Platz für ihren Nestbau finden. Bei Holzterrassen, -stegen oder -decks sollte man sich unter dem Aspekt der Pflegeersparnis für Harthölzer entscheiden und auf das regelmäßig zu wiederholende und sehr zeitaufwändige Ölen, Lasieren oder Lackieren konsequent verzichten.

Auch bei Zäunen, Pergolen, Gartenhäusern usw. ist die Materialauswahl und die Oberflächenbeschaffenheit entscheidend. Harthölzer, Zink, Edel- oder Cortenstahl, aber auch Bambus und Glas können über eine sehr lange Zeit ohne großen Pflegeaufwand attraktiv und stabil ihre Funktion erfüllen. Dagegen sind die geliebten farbig lackierten Zäune oder weiß gestrichenen Mauern aufwändig in der Unterhaltung.

Bei der Auswahl der Möblierung sollte man abwägen, ob robuste Möbel aus Teak, Metall oder Kunststoff, die jahrein, jahraus draußen bleiben können, in den Garten passen. Man spart das Einlagern und Aufstellen, kann ohne viel Aufwand die ersten warmen Sonnenstrahlen draußen nutzen und hat auch im Winter den Blick auf eine möblierte Terrasse.

Oben: **Ein großer Teich anstelle einer Rasenfläche erspart das regelmäßige Mähen und lädt zum Schwimmen oder zu einer kleinen Bootsfahrt ein.**

Kann man auf Rasen verzichten

und legt stattdessen eine Kies-, Sand- oder Pflasterfläche an, erspart man sich den wöchentlichen Mähgang. Ist ein Rasen aber nicht wegzudenken, sollte er eine Einfassung aus Pflaster oder Platten erhalten. Diese Rasenkante ermöglicht einerseits einen schnellen und sauberen Schnitt, andererseits bleibt die einmal festgelegte Form des Rasens erhalten und das Abstechen der Rasenkanten entfällt. Arbeitet man zudem an seiner inneren Einstellung zu Gänseblümchen und Ehrenpreis, kann auch das Unkrautstechen und Vertikutieren weitestgehend entfallen oder zumindest reduziert werden.

Bei der Auswahl der Bäume

und Sträucher sollte man von Anfang an beachten, welche Endgröße gewünscht ist. Eine Süßkirsche hat in einem kleinen Reihenhausgarten langfristig kaum eine Chance, weil sie viel zu groß wird und dem Garten jedes Licht nimmt. Stattdessen könnten aber eine kleinere Zierkirsche, eine Schattenmorelle oder auch eine Quitte eine Alternative darstellen. Außerdem sollte auf Pflanzen, die beispielsweise Blattläuse anziehen (Wasserschneeball) oder sternrußtauanfällig sind (viele Rosensorten) verzichtet werden. Es gibt zahlreiche robuste bzw. krankheitsresistente Arten und Sorten, die sich im Garten wunderbar entfalten.

Für Stauden

gilt im Prinzip das Gleiche. Heute steht im Handel ein großes Repertoire an zuverlässigen, gesunden, standfesten und frostharten Blüten- und Blattstauden zur Verfügung. Um eine schöne und dicht geschlossene Staudenfläche zu erhalten, sollte man Folgendes beachten:

- Die Auswahl der Pflanzen sollte standortgerecht sein.
- Es sollten Pflanzen miteinander kombiniert werden, die eine ähnliche Durchsetzungskraft haben.
- Auf empfindliche Raritäten und pflegeintensive Besonderheiten sollte verzichtet werden.
- Die Auswahl besonders langlebiger und robuster Pflanzen erspart das Nachpflanzen.
- Keine Pflanzen verwenden, die sich gern unkontrollierbar durch Wurzelausläufer oder Aussaat ausbreiten. Wollen Sie auf diese Pflanzen nicht verzichten, sollten Sie direkt zu Beginn einen Wurzelschutz miteinsetzen und die Samenkapseln früh ganz zurückschneiden.

Pflegt man seinen Garten in den ersten zwei Jahren konsequent, regelmäßig und sorgfältig, bis die Flächen »eingewachsen«, d. h. geschlossen, sind, kann man in den Jahren danach mit relativ wenig Arbeit seinen Garten voll und ganz genießen. Ich wünsche Ihnen viel Freude dabei!

Unten: Eine regelmäßig gemähte, gedüngte und gewässerte Rasenfläche bildet einen ebenmäßigen grünen Teppich und gibt dem ganzen Garten einen gepflegten Gesamteindruck.

Beispiel-gärten

Von der Theorie zur Praxis: 5 Beispiele unterschiedlicher Größe

Auf den vorangegangenen Seiten dieses Buches ist viel über die theoretische Vorgehensweise einer Gartenplanung gesprochen worden. Aber natürlich beweist sich jede Theorie erst in der Praxis. Deshalb möchte ich Ihnen nun fünf Hausgärten in Deutschland vorstellen, die in den vergangenen Jahren von mir geplant und im Anschluss daran von Fachfirmen des Garten- und Landschaftsbaus umgesetzt wurden. Sie unterscheiden sich in Grundstücksform und -größe deutlich voneinander, und auch die Wünsche und Anforderungen der Besitzer an ihren Garten waren jeweils sehr verschieden.

Bei der Planung von privaten Hausgärten ist es für mich wesentlich, eine ganz persönliche Atmosphäre in den Gärten zu schaffen, die genau auf die Gartenbesitzer zugeschnitten ist. Die ganze Familie soll sich im Garten zu Hause fühlen, jeder einzelne soll seinen Lieblingsplatz im Garten finden. Um dieses Ziel zu erreichen, findet während der gesamten Zeit der Zusammenarbeit ein intensiver Dialog statt.

Schon zu Beginn, bei der ersten Terminvereinbarung, bitte ich meine Kunden um Mitarbeit. Zunächst sollen sie ihre Wünsche, Träume und Vorstellungen von ihrem zukünftigen Garten zusammenstellen. Dabei ist es für die Eigentümer eines neu erworbenen, »leeren« Neubaugrundstücks häufig einfacher, ihre Wünsche zu formulieren, als für diejenigen Gartenbesitzer, die ihren Garten schon seit vielen Jahren hegen und pflegen, mit dem Gesamtergebnis aber nur mäßig zufrieden sind.

Nach dem ersten Gedankenaustausch, der Ortsbesichtigung und dem detaillierten Aufmaß vor Ort erarbeite ich immer zwei alternative Vorentwürfe für den Garten. Beide Varianten beinhalten die besprochenen Anforderungen, unterscheiden sich aber in Aufteilung, Anordnung und Formensprache der Gartenelemente. Jetzt liegt die Entscheidung, welche Elemente aus welchem Vorschlag am besten gefallen und ob zusätzlich weitere ergänzt werden sollen, bei meinen Kunden. Natürlich stehe ich dabei stets mit Rat und Tat zur Seite und sorge dafür, dass ein in sich stimmiger, wohl proportionierter und ansprechender Gesamtentwurf entsteht.

Nach Abschluss der Planungsphase sind alle Details besprochen, die künftige Bepflanzung zusammengestellt und die Materialien für den Garten ausgewählt. Auch die weitere Betreuung der Umsetzung, sprich das Einholen vergleichbarer Angebote, die Mitwirkung bei der Auftragsvergabe an eine Garten- und Landschaftsbaufirma, die Beaufsichtigung der Bauarbeiten vor Ort und natürlich auch die Beratung in den späteren Jahren der Gartenentwicklung, gehört für mich zur Dienstleistung einer Gartenplanung. Dieses abwechslungsreiche und sehr individuelle Planen und Beraten macht mir jedes Mal wieder sehr viel Freude.

Links: **In dem schmalen Wasserbecken an der Terrasse spiegelt sich der Himmel. Blütensträucher und Stauden bilden den grünen Rahmen.**

Ein großzügiger Garten am Stadtrand

Jeder Garten besitzt für mich seinen ganz besonderen Charme, der die Planung zu einem spannenden Erlebnis macht. Und manchmal – wie bei diesem Gartenprojekt – kommen Komponenten zusammen, die besonders reizvoll sind. Das Haus sollte innen modernisiert werden und zum Garten hin eine große Glasfront erhalten. Schon vor dem Umbau und der Renovierung des Hauses stand fest, dass der Garten eine wichtige Rolle spielen wird. So erfolgte die Gartenplanung parallel zur Umplanung des Hauses. Das enge Ineinandergreifen der Planung von Haus, Innenraum und Garten, der alte Gehölzbestand im Garten und die Gartenbegeisterung der Bauherren boten optimale Voraussetzungen für eine gelungene Gartenplanung.

Der Garten sollte Sitzplätze mit unterschiedlicher Aufenthaltsqualität und, unter Berücksichtigung der alten, vorhandenen Gehölze, viel Raum für interessante, reich blühende Rabatten bieten. Außerdem wurde Platz für ein Gerätehaus, für mediterrane Kübelpflanzen und verschiedene moderne Skulpturen gewünscht. Einige vom Wohnraum vorbestimmte Sichtachsen sollten im Garten betont und auch im Dunkeln ausgeleuchtet werden. Die alte, aber nach wie vor reich tragende Pflaume direkt vor der Küche sollte auf jeden Fall erhalten bleiben und auch der alte, teilweise abgestorbene Apfelbaum im vorderen Gartendrittel sollte in den Garten integriert werden.

Unten links: **Der Garten vor der Umgestaltung: leicht verwildert, aber mit viel Atmosphäre und Potenzial.**

Unten rechts: **Der Blick vom neuen Wintergarten: Die Hecken geben dem Garten Tiefe. Der alte Apfelbaum dient einer Rambler-Rose als Rankhilfe.**

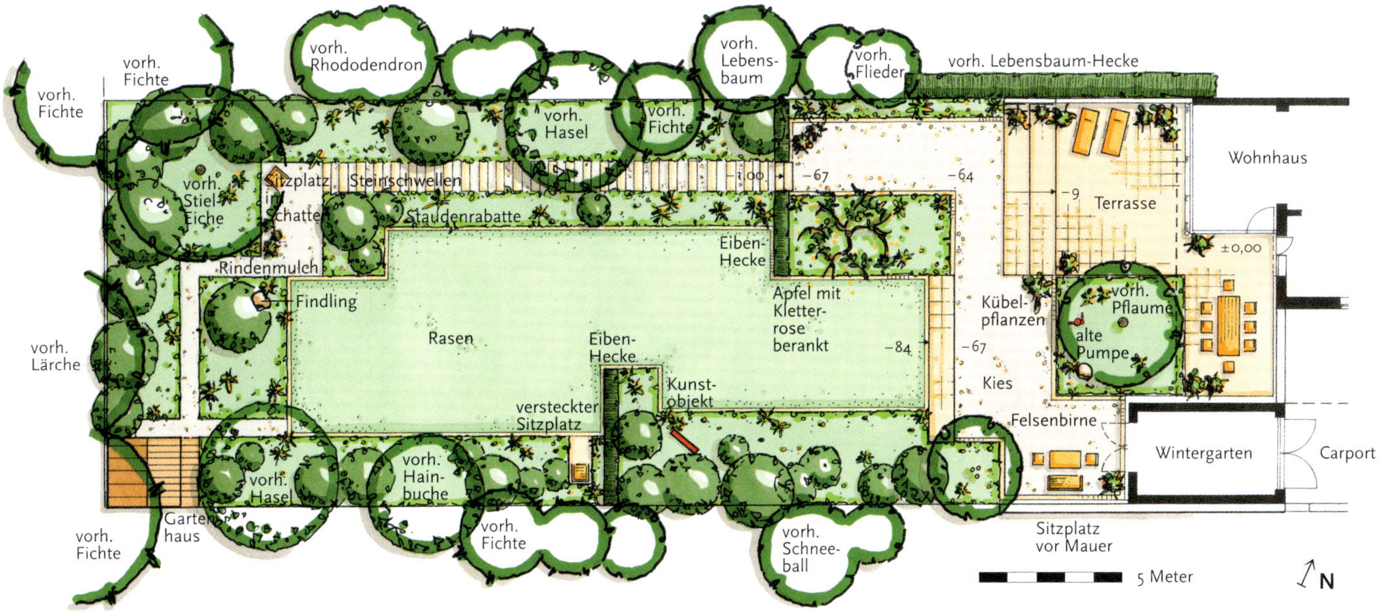

In der Aufsicht des Gartens werden die Achsen und linearen Bezüge zum Haus besonders deutlich. Die fast statisch wirkenden klaren Formen werden im Garten später durch die weichen Strukturen der Pflanzen bewusst aufgelöst.

Zu Beginn der Planung erfolgte ein genaues Aufmaß des Gartens, um sämtliche vorhandenen Pflanzen und auch die jeweiligen Anschlusshöhen von Haus, Garage und Nachbargärten in der weiteren Planung berücksichtigen zu können. Auch die Gehölze in den angrenzenden Nachbargärten – alte Rhododendren, Fichten, Lärchen, Flieder und Schneeball – wurden hierbei aufgenommen.

Während der Planung wurde aufgrund des Bestandes und der Ausrichtung nach Südwesten schnell deutlich, dass der hintere Gartenbereich, der von einer Eiche, einer mächtigen Haselnuss sowie von den hohen Bäumen in den Nachbargärten geprägt wird, einen eher waldartigen Charakter besitzen soll.

Rechts: **Unter den überhängenden Zweigen der alten Bäume sitzend, blickt man über die üppig blühende Staudenrabatte zum Haus.**

Rechts außen: **Am Ende des Schwellenweges lädt der geborgene Sitzplatz zum Verweilen ein und bietet im Sommer wie im Winter einen schönen Blickpunkt.**

Die sonnen-exponierte Terrasse vor dem Wohnzimmer hingegen sollte ein mehr mediterranes Flair erhalten. Der alte Apfelbaum mit seinem bizarren Astgerüst und seinem knorrigen Wuchs stellt einen schönen Blickpunkt im vorderen Gartenpart dar und lockt zudem Spechte, Kleiber und andere Nützlinge in den Garten.

Der Garten nimmt die geraden, klaren Formen des Hauses auf. Die Pflanz- und Rasenflächen sind zwar streng gegliedert, wirken aber durch die üppig bepflanzten Beete eher romantisch. Das modern gestaltete Terrassenpodest gliedert sich in zwei Zonen: Vor der Küche liegt eine beschattete große Essecke und vor dem Wohnzimmer ein sonniger Platz zum Ausspannen. Die alte Pflaume, die während der Bauzeit intensiv geschützt wurde, bildet den Mittelpunkt zwischen Haus und der zum Wintergarten umgebauten Garage. Breite Treppenstufen führen von der Terrasse zur mediterran anmutenden Kiesfläche. Sie bietet vor dem Wintergarten einen weiteren, etwas abgeschiedeneren Sitzplatz zum Lesen und Arbeiten.

Ein Schwellen-weg aus Betonstelen, der links und rechts von üppig blühenden Staudenrabatten begleitet wird, bildet die Sichtachse vom Wohnraum in den Garten und lockt den Besucher in den hinteren Gartenbereich. Hier, am Ende des Weges und im kühlen Schatten der alten Bäume, liegt eine kleine, mit Rindenmulch bedeckte Sitzfläche. Ein schmaler Weg führt zu einem versteckten Holzhäuschen, das als Lager für Gartengeräte und -möbel, Dünger und leere Töpfe genutzt wird.

Geht man weiter Richtung Rasen, entdeckt man einen gemütlichen Gartenstuhl, der vom Haus aus hinter einer Hecke verborgen bleibt. An diesem Platz kann man wegen einer Lücke zwischen den alten Bäumen abends am längsten den Sonnenuntergang genießen.

Links: **Die Terrasse am Haus wird von einem alten Pflaumenbaum beschattet und gibt ihr den besonderen Charakter.**

Unten: **Das Rittersporn-Beet trennt den Schwellenweg von der Rasenfläche. Bei richtiger Pflege blühen die Rittersporne zwei bis drei Mal im Jahr in allen erdenklichen Blautönen.**

Wie ein grüner Teppich wirkt der Rasen und verbindet die verschiedenen Gartenräume miteinander. Er bildet bewusst einen ruhigen Gegenpol zu den umgebenden Pflanzflächen. Parallel zum Haus verlaufende, immergrüne Heckenriegel aus Eibe schaffen Tiefe und teilen den Garten optisch in Vorder-, Mittel- und Hintergrund auf.

Einen besonderen Blickfang bildet im späten Frühjahr die Rambler-Rose 'Bobby James', die dem abgestorbenen Apfelbaum zu neuer, reicher Blütenpracht verhilft. Die Beete in der vorderen Gartenzone sollen mit ihren leuchtend gelben und orangefarbenen Blüten sowie dem silbrigen Laub die Wärme der Sonnenterrasse unterstreichen. Hier findet man Färberkamille *(Anthemis tinctoria)*, Brandkraut *(Phlomis russeliana)* und Heiligenkraut *(Santolina chamaecyparissus)*, aber auch die apricotfarbene Rose 'Westerland'. Der sich gern selbst versamende gelbe Lerchensporn *(Corydalis lutea)* füllt überall kleine Lücken aus. Die Rabatte am Weg wird im Frühling von hohen, violetten Zierlauch-Arten *(Allium aflatunense, Allium atropurpureum)* sowie rosa und weißem Fingerhut *(Digitalis purpurea, D. p.* 'Alba') und im Sommer von Rittersporen *(Delphinium* 'Berghimmel', 'Finsteraarhorn', 'Lanzenträger') und Glockenblumen *(Campanula poscharskyana* 'Stella', *C. lactiflora*

'Prichard's Variety') in allen Blautönen geprägt. Im schattigen Gartenbereich setzt sich die Pflanzung aus Kaukasusvergissmeinnicht *(Brunnera macrophylla)* und heimischen Stauden wie Frühlingsplatterbse *(Lathyrus vernus)*, Haselwurz *(Asarum europaeum)* und Maiglöckchen *(Convallaria majalis)* zusammen. Farne und Herzlilien ergänzen das Bild.

Oben: **Im Winter sind die Heckenstrukturen und die Rasenfläche deutlich erkennbar.**

Links: **Der Blick vom Schattensitzplatz zum Haus lässt den Rasen wie einen grünen Teppich zwischen den Beeten erscheinen.**

Die Fakten

Lage	am Stadtrand von Köln
Gartengröße	580 m²
Höhendifferenzen	max. 90 cm
Planung	Sommer 1999 bis Frühjahr 2000
Bauzeit	Frühjahr/Sommer 2000
Materialien	Grauwacke, Beton, Kies, Mulch
Ausführung	Forster, Garten- und Landschaftsbau, Bonn

Ein kleiner Reihenhausgarten

Die verbreitete Meinung, dass ein Reihenhausgarten aus einer Terrasse, dem Rasen und einer umgrenzenden Strauchpflanzung bestehen muss, hält sich vielerorts hartnäckig und war wohl auch der Grundgedanke der Vorbesitzer dieses Gartens.

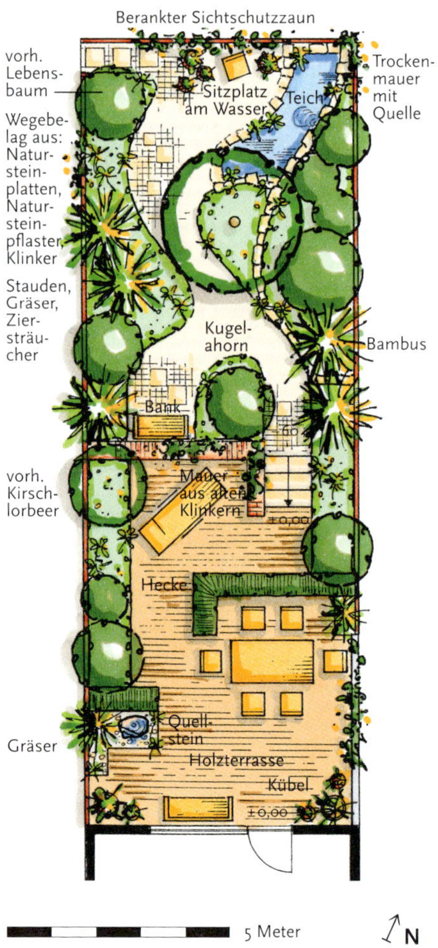

Der neue Hausherr war experimentierfreudig und wollte mit diesen Konventionen brechen, er wünschte sich einen zwanglosen, spannenden und vielseitig nutzbaren Garten. Unterschiedliche, vor neugierigen Blicken geschützte Sitzbereiche waren ihm dabei genauso wichtig wie ein harmonisches, in sich stimmiges Gesamtkonzept. Der passionierte Hobbykoch sehnte sich nach möglichst vielen unterschiedlichen und interessanten Kräutern und Gewürzen für die Küche sowie einer ausreichend großen und gemütlichen Terrasse, um mit Freunden und Familie die warmen Sommerabende unter freiem Himmel zu genießen. Die vorliegenden Höhendifferenzen sollten weitgehend beibehalten werden, damit keine hohen Investitionskosten für Abfangungen entstehen. Anstelle einer Rasenfläche wurde das Element Wasser gewünscht, um durch sein Plätschern und Blubbern von den Geräuschen der nahen Landstraße abzulenken. Bei der Bepflanzung wurde das Schwergewicht mehr auf unterschiedliche Grüntöne und Blatttexturen gelegt als auf bunten Blütenreichtum. Da die Arbeit im Garten vom Eigentümer durchaus als Entspannung und Ausgleich zum Beruf empfunden wird, durfte der Pflegeaufwand etwas intensiver sein, sollte aber genügend Zeit zum Relaxen und passiven Genießen lassen.

Vor dem Haus befindet sich eine großzügige Holzterrasse, die durch einen Heckenwinkel strukturiert wird. Einige Stufen führen in den tiefer gelegenen, üppig bewachsenen Garten mit einer versteckten Bank, einem kleinen Teich und einer sonnigen Sitzecke.

Der entstandene Garten ist das Ergebnis intensiver gemeinsamer Zusammenarbeit zwischen dem Bauherrn, mir als Planerin und dem Landschaftsgärtner, der es mit Einfühlungsvermögen verstand, die Planungsidee aufzunehmen und umzusetzen. Selbst während der Bauphase wurden immer wieder Details neu überdacht und mit zusätzlichen Ideen vervollständigt. Zum einen waren die Wünsche und Vorstellungen des Bauherrn extravagant und unkonventionell, zum anderen sollten sich die Kosten im Rahmen halten.

Die Lösung war die Kombination von Landschaftsgärtner und Eigenleistung. Der Bauherr führte einige Arbeiten selbst aus. Als Material für die Wege- und Terrassenflächen wurde ein Mix aus Natursteinpflaster und Klinkern gewählt. Die obere Terrasse, die Sichtschutzzäune und Rankbalken sollten aus Holz gebaut werden.

Links: **Die rechtwinkligen Riegel der Hecke und der Klinkermauer geben der Holzterrasse ihre besondere Atmosphäre, die zum Entspannen einlädt.**

Ein glücklicher Umstand erleichterte die Arbeiten im Garten erheblich. In der hinteren linken Ecke des Gartens gab es einen versteckten seitlichen Zugang, der breit genug war, dass ein Kleinbagger in den Garten gelangen und auch der An- und Abtransport von Boden und Baumaterial hierüber erfolgen konnte. Die Alternative, sprich der Maschinen- und Materialtransport mit Hilfe eines Krans über das Haus hinweg, hätte viel Zeit und Geld gekostet.

Zu Beginn der Arbeiten wurde mit Hilfe eines Kleinbaggers das Bodenplanum erstellt sowie der Unterbau für die Wege und Terrassenflächen eingebaut. Zeitgleich verlegte man alle benötigten Stromleitungen in Form von witterungsbeständigen Erdkabeln. Die vorhandene Betonplatte der alten Terrasse blieb erhalten und wurde mit der Holzterrasse überbaut. Dann folgten der Zaunbau, das Setzen des Rankbalkens über der späteren Terrasse sowie die Profilierung und Eindichtung der beiden Wasserbecken. Hierbei war besonderer Fachverstand gefragt, denn die eingebaute schwarze PE-Folie sollte im fertigen Wasserbecken völlig unsichtbar sein. Sie wurde mit Trockenmauern aus Ruhrsandstein, einem im nahe gelegenen Bergischen Land anstehenden Naturstein, komplett verkleidet.

Nach der Lieferung von Holz und Stein für die Wege- und Terrassenflächen durch die Landschaftsbaufirma wurde der Bauherr aktiv. In Eigenleistung und mit viel Liebe zum Detail erstellte er die Stützmauer zur Terrasse, die Holzterrasse und die unteren Wege- und Sitzflächen. Erst als diese Arbeiten abgeschlossen waren, beendete der Landschaftsgärtner seinen Part der Gartenarbeiten mit dem Einbau von Mutterboden und der Pflanzung der Großgehölze. Die gelieferten Pflanzen wurden von mir vor Ort ausgelegt und wiederum vom Bauherrn eingepflanzt.

Durch die engagierte und fachlich einwandfreie Eigenleistung des Bauherrn konnten die Gesamtkosten für die Gartenumgestaltung deutlich reduziert werden. Positive Nebenerscheinung: Bereits in der Bauphase entstand eine starke Bindung des Bauherrn zu seinem neuen Garten und seinen Pflanzen.

Um die Aufteilung des fertigen Gartens zu verdeutlichen, hier einige Zahlen zum Vergleich:

- 30 m² Holzterrasse
- 30 m² Stufen, Wege- und Sitzflächen aus Stein
- 5 m² Wasserfläche
- 35 m² Pflanzfläche
- 65 m² berankte, vertikale Zaunfläche

Grün in Grün – Idylle pur

Sechs Jahre nach der Fertigstellung ist der Garten eingewachsen und zeigt bei genauem Hinsehen all seine, manchmal auch verborgenen, Qualitäten. Die Pflanzen haben zusammen mit den Holzzäunen den gewünschten Sichtschutz gebildet, sie geben dem Garten Geborgenheit und eine etwas exotische Atmosphäre.

Der obere Gartenbereich ist dem Haus zugeordnet und eher geradlinig. Die große Holzterrasse ist mit halbhohen, exakt geschnittenen Eibenhecken umgrenzt und bietet genug Raum für einen Esstisch mit zehn Sitzplätzen. Die ausfahrbare grüne Markise schützt hier im Sommer vor Sonne, und ein kleiner Sprudelstein, umgeben von Gräsern, sorgt für eine angenehme Geräuschkulisse und ein erfrischendes Klima. Die Mauer aus alten, gereinigten Feldbrandklinkern, die die Holzterrasse vom Garten trennt, dient gleichzeitig als Sitzgelegenheit und Trennung zum tiefer gelegenen hinteren Gartenteil. Erst von hier aus entdeckt man den kleinen Teich, der zum Beobachten von Fischen, Fröschen, Lurchen und Libellen einlädt. Vier Treppenstufen aus Ruhrsandstein führen nach unten in den üppig grünen und etwas exotisch wirkenden Gartenbereich. Der Kugelahorn *(Acer platanoides* 'Globosum') sorgt im Sommer mit seiner ovalen, dichten Baumkrone für den gewünschten Sichtschutz zum gegenüberliegenden Nachbarhaus, und das Holz der umgebenden Zäune ist unter den Blättern von immergrünem Efeu *(Hedera helix)*, hellrosa blühender Anemonen-Waldrebe *(Clematis montana* 'Rubens') und dem im Herbst intensiv rot färbenden Scharlach-Wein *(Vitis coignetiae)* nahezu verschwunden.

Die beiden erhaltenen Pflanzen – der alte Kirschlorbeer und der säulenförmige Lebensbaum – fügen sich harmonisch in die neue Pflanzengemeinschaft ein. Hier bestimmen der hellgrünlaubige Bambus *(Phyllostachys aurea)*, die aus Asien stammende Zimmeraralie *(Fatsia japonica)* und mediterrane Zitrus-Pflanzen wie die weiß blühende, intensiv duftende Orangenblüte *(Choisya ternata)* und die Bitterorange *(Poncirus trifoliata)* mit ihren gelben, zitronenähnlichen Früchten die Stimmung.

Links: **Der kunstvoll gepflasterte Weg, dessen Ende für den Besucher nicht ablesbar ist, lädt zur Entdeckungsreise in den Garten ein.**

Links: Ein idyllischer Sitzplatz am Teich, umgeben von üppigem Grün: Das Wasser plätschert wie aus einer Quelle und lässt den Alltagslärm vergessen.

Unten: Üppig wachsender, von Glockenblumen umspielter Rosmarin sorgt für ausreichenden Nachschub in der Küche.

Die Fakten

Gartengröße	100 m²
Höhendifferenzen	max. 60 cm
Planung	Sommer 1999 bis Frühjahr 2000
Bauzeit	Frühjahr/Sommer 2000
Materialien	Ruhrsandstein, Mauerziegel, alter Klinker, Bangkirai-Holz
Ausführung	Stefan Schmidt, Gartengestaltung, Köln

Aus der Trockenmauer am Teich rinnt über eine wie zufällig überstehende Steinplatte Wasser. In den Fugen der Trockenmauer haben sich Walderdbeeren *(Fragaria vesca)*, Kissenglockenblumen *(Campanula portenschlagiana)* und der immergrüne Streifenfarn *(Asplenium trichomanes)* angesiedelt. Im Wasser bilden Zwergseerosen *(Nymphaea pygmaea)*, Wasserlinsen *(Lemna aquatica)* und die bis zu 1,80 m hohe Teichsimse *(Scirpus lacustris)* eine grüne Lebensgemeinschaft, die an tropische Gefilde erinnert.

Die gewünschten Kräuter

und Gewürze sind über den gesamten Garten verteilt. In Treppen- und Mauerfugen sind verschiedene Thymian-Arten zu finden, am Wasser stehen Pfefferminze *(Mentha aquatica)* und Schnittlauch *(Allium schoenoprasum)*, in den Beeten wachsen Liebstöckel *(Levisticum officinale)*, Salbei in verschiedenen Blattfarben *(Salvia officinalis* in Sorten), Majoran *(Origanum vulgare)* und Zitronenmelisse *(Melissa officinalis)* und in Töpfen auf der Terrasse gedeihen im Sommer Basilikum *(Ocimum basilicum)*, Rosmarin *(Rosmarinus officinalis)* und Petersilie *(Petroselinum crispum)*.

Ein moderner Garten in der Stadt

Links: Die niedrigen Eibenhecken strukturieren den Garten. Hinter der hohen Baumhecke aus Hainbuchen verschwindet im Sommer das Nachbarhaus völlig.

Unten: Der Pool, umrahmt von Hecken und üppig wachsenden Stauden, ist der zentrale Blickpunkt des großen Rasengartens am Wohnhaus.

Nur selten hat man als Haus- und Gartenbesitzer die Möglichkeit, die Größe seines Grundstücks nachträglich zu verdoppeln. Bei diesem Gartenbeispiel war aber genau dies der Fall. Die Familie wohnte schon seit einigen Jahren in dem großen und modern gestalteten Haus. Der seinerzeit neu angelegte Garten mit vielen immergrünen Gehölzen an den Grenzen zu den Nachbarn und einer großen Rasenfläche für die Kinder und den Familienhund war bereits eingewachsen, als das nach Süden, an den hinteren Zaun angrenzende Grundstück zum Kauf angeboten wurde. Man entschied sich für den Kauf und zum Bau eines zweiten Hauses, das der Bauherr als Büro nutzen wollte. Die Vorteile eines kurzen, »staufreien« Weges zur Arbeit und ein vom Familientrubel geschützter Arbeitsbereich lagen auf der Hand.

Im Zuge der Baumaßnahme sollten auch die Gartenwünsche umgesetzt werden. Ganz oben auf der Wunschliste stand hier der Swimmingpool, auf den in der ersten Bauphase verzichtet wurde, weil die Kinder noch zu klein waren. Dem Pool sollte eine Terrassenfläche für zehn bis zwölf Personen zugeordnet werden, mit einer ihr eigenen Stimmung. Außerdem stand von Anfang an fest, dass der Garten ein modernes Pendant zu den sehr unterschiedlichen, puristisch weißen Gebäuden bilden und sie miteinander verbinden sollte. Um das Büro herum wurde eine eher abgeschiedene, ruhige und geschäftsmäßige Atmosphäre gewünscht, während vor dem Wohnhaus weiterhin eine große Rasenfläche zum Toben und Spielen verbleiben sollte. Es sollte ein Garten entstehen, in dem sich die ganze Familie samt den zwei Hunden wohl fühlt.

Ungestört wollte man sich fühlen im neuen Garten. Daher musste über einen Sichtschutz zu den Nachbargebäuden nachgedacht werden. Insbesondere das auf einem der angrenzenden Grundstücke entstehende dreigeschossige Mehrfamilienhaus mit seinen großen Balkonen stellte eine echte Herausforderung an die Planung dar, denn natürlich sollte kein so hoher Sichtschutzzaun oder andere massive Sichtbarrieren errichtet werden.

Die Neuanlage des Gartens erfolgte nach dem Bau des Bürogebäudes und wurde innerhalb von zwölf Wochen Bauzeit umgesetzt. Der Gartengröße entsprechend, pflanzte man die Bäume und Solitärgehölze in größeren Qualitäten. Diese wurden zusammen mit den Bauherren in einer großen Baumschule für den entsprechenden Standort begutachtet, gekennzeichnet und zusammengestellt. So bestand zu einigen Pflanzen schon vom ersten Tag an eine besondere Beziehung.

Der Garten am Wohnhaus wird durch die großzügige Rasenfläche mit den Heckenriegeln bestimmt. Vor dem Büro lädt eine Holzterrasse mit Sonnenschirm über dem Wasser mitten im Gräsergarten zu Besprechungen im Freien ein.

Der Rasen, mit einer automatischen Bewässerungsanlage versehen, wurde als Rollrasen verlegt. Er konnte zwar nicht sofort genutzt werden, weil auch ein Fertigrasen Zeit zum Anwachsen benötigt, aber der optische Effekt nach der langen Bauzeit war enorm und machte von einem Tag auf den anderen aus einer Gartenbaustelle einen Garten. Als Material für Wege und Terrassenflächen wurden, bis auf den Poolbereich, schlichte und einfache Betonplatten verwendet. Sauber und geradlinig verlegt, machen auch sie einen hochwertigen Eindruck.

Unten: Hinter der Baumhecke führt der Kräuterweg zum Küchenhof. Hier findet man Rosmarin, Fenchel, Salbei und viele andere Duft- und Gewürzpflanzen.

Unten: Der Küchenhof ist im Sommer der zentrale Treffpunkt der Familie. Im Schatten der Steineiche sitzt man geschützt vor der Sonne und den Blicken der Nachbarn.

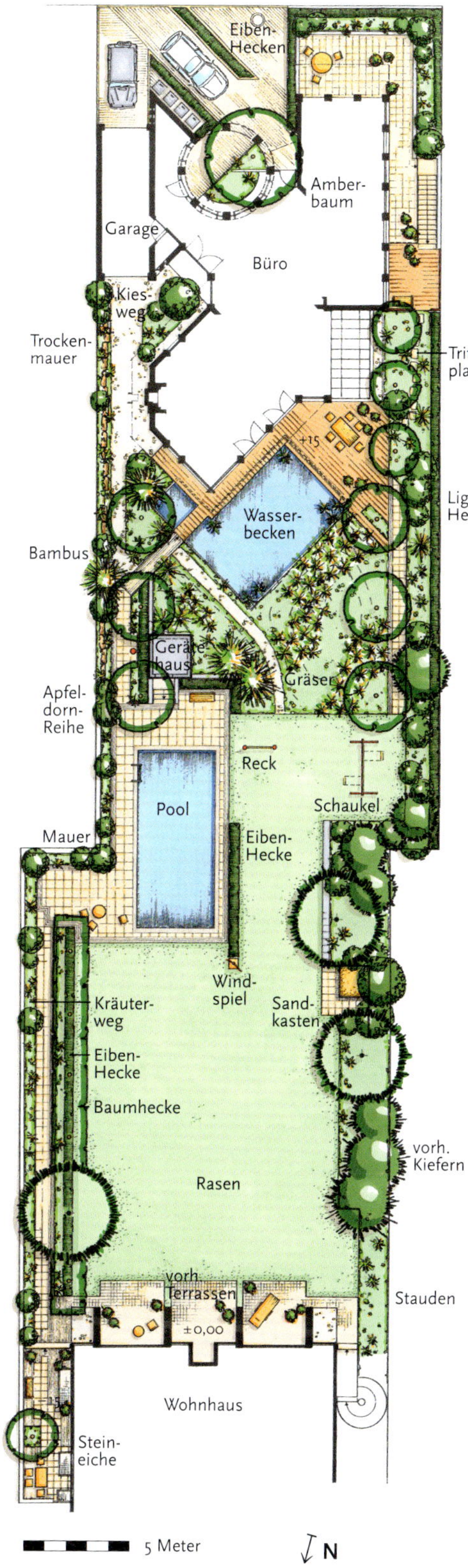

Wohnen und Arbeiten zugleich

Der »Gräsergarten« mit seinen dicht bepflanzten Hügeln schirmt das Büro vom restlichen Garten ab und wirkt bewusst introvertiert und ruhig. Auf der großzügigen Holzterrasse, die über dem stillen Wasserbecken schwebt, finden im Sommer viele geschäftliche Besprechungen statt.

Vier verschiedene Gräser mit unterschiedlichen Blütezeiten sind das Thema, darunter Lampenputzergras (*Pennisetum compressum* 'Hameln'), Waldschmiele *(Deschampsia cespitosa)*, Chinaschilf *(Miscanthus sinensis* 'Gracillimus') und Knoten-Bambus *(Phyllostachys nigra)*. Ergänzt werden sie durch Stauden und Blumenzwiebeln, die den Verlauf der Jahreszeiten zusätzlich unterstreichen.

Dem Planungskonzept liegen klare und geometrische Formen zu Grunde. Die Rasenfläche bildet vor der Villa einen schlichten grünen Teppich, dessen Größe in Proportion zum Gebäude steht. Vom Wohnhaus fällt der Blick auf den einladend blauen Pool, der zwischen zwei Heckenriegeln eingespannt zu sein scheint. In der Eibenhecke stehen ca. 5 m hohe Säulen-Hainbuchen, die als geradlinig geschnittene Baumhecke Sichtschutz zum Nachbargebäude bieten. Die vorhandene große Zeder wurde als immergrüner Blickpunkt mit in die Hecke integriert.

An der Ostseite des Wohnhauses entstand der »Küchenhof«, der bei geeigneter Witterung intensiv als Frühstücksplatz und Treffpunkt der Familie genutzt wird. Die immergrüne Steineiche *(Quercus ilex)*, die den Hof beschattet, gibt ihm zusammen mit vielen Kübelpflanzen seine mediterrane Atmosphäre. Darüber hinaus fand hier der Stall für die geliebten Zwergkaninchen einen geschützten Platz.

Links: **Das Bürohaus bildet mit Wasserbecken und Holzterrasse eine Einheit. Es wird umrahmt von Kissenglockenblumen, Frauenmantel und verschiedenen Gräsern.**

Unten: **Zwischen den Hügeln des Gräsergartens führt ein schmaler Weg entlang. Im Frühling prägen die Blütenkugeln des Zierlauches das Bild.**

Die sonnige Poolterrasse

bietet unter einem großen Sonnenschirm entweder Platz für mehrere Liegen oder für einen großen Esstisch mit Stühlen. Eine südländische Atmosphäre wird zum einen durch die hellgelben Betonplatten geschaffen, zum anderen durch die umgebende Bepflanzung aus Lavendel *(Lavandula* 'Hidcote Blue'), Portugiesischer Lorbeerkirsche *(Prunus lusitanica)*, Heiligem Bambus *(Nandina domestica)* und den über 2 m hohen Blütenständen des Riesenschleierkrauts *(Crambe cordifolia)*. Eine kleine weiße Kabine hinter dem Pool, ein paar Stufen in den Boden abgesenkt, beherbergt die Pooltechnik sowie eine Außendusche und dient als Aufbewahrungsort für Wasserbälle, Schwimmreifen usw.

Der Weg vom Küchenhof

zur Poolterrasse wurde beiderseits mit den unterschiedlichsten Kräutern bepflanzt. Neben Thymian, Majoran, Rosmarin, Salbei, Schnittlauch und Estragon findet man auch Walderdbeeren, Johannis- und Stachelbeeren, Baldrian, Waldmeister und unterschiedliche Minze-Arten. Hier kann man die benötigten Kräuter für die Küche schneiden, sich zu neuen Rezepten inspirieren lassen oder einfach im Vorbeigehen ein paar Blättchen oder Beeren pflücken und den aromatischen Duft und Geschmack genießen.

Durch den Schattengarten, der mit niedrigen Trockenmauern und vielen Schatten liebenden Stauden wie grünen Herzlilien *(Hosta ventricosa)*, Glockenblumen *(Campanula persicifolia)*, Kaukasusvergissmeinnicht *(Brunnera macorphylla)* und verschiedenen Farnen bepflanzt ist, erreicht man das eingeschossige Bürogebäude. Das Dach des Hauses ist mit Lavendel und Thymian begrünt und blüht im Sommer hellviolett.

Die Pflege des Gartens

erfolgt größtenteils in Eigenleistung der Bauherren. Nur jeweils ein Pflegegang im Frühling und im Herbst, bei dem der Rückschnitt der Stauden und Gräser bzw. der Gehölze stattfindet, wird von einem Gärtner fachgerecht durchgeführt. Von ihm werden auch die Baumhecke und Heckenstreifen geschnitten. Zur Erleichterung der Bewässerung wurde eine automatische Beregnungsanlage mit Versenkregnern installiert. So bleibt der Rasen auch im Sommer schön und grün.

Oben links: Der Gräsergarten entwickelt im frühen Herbst seinen ganzen Charme. Das Lampenputzergras (*Pennisetum compressum* 'Hameln') steht in voller Blüte.

Oben rechts: Zwischen den Gräsern wirken die filigranen Blüten des Eisenkrauts *(Verbena bonariensis)* wie ein Schwarm bunter Schmetterlinge.

Die Fakten

Gartengröße	1.300 m²
Höhendifferenzen	max. 20 cm
Planung	Frühjahr/Sommer 1995
Bauzeit	Herbst/Winter 1995/96
Materialien	Beton, Ruhrsandstein, Bangkirai-Holz
Ausführung	Stefan Schmidt, Gartengestaltung, Köln

Ein Mini-Garten

Auf der Suche nach einem neuen Zuhause, in dem man sich wohl fühlen und richtig sesshaft werden kann, wurde dem suchenden Paar diese gut ausgestattete Doppelhaushälfte angeboten. Das Haus hatte alles, was sie sich wünschten und lag in einem alten Stadtteil in Bergisch Gladbach. Es gab nur einen Haken: Das Grundstück war sehr klein, und der heiß ersehnte Garten schien kaum realisierbar.

Direkt vor dem Wohnzimmer lag eine ca. 20 m² große, unplattierte und wenig einladende Betonplatte als Terrassenfläche. Links neben der Terrasse schloss sich die bläulich belaubte Koniferen-Hecke des Nachbarn aus Scheinzypressen an. Auf der anderen Terrassenseite waren Betonmauerstreifen versetzt worden und – für Gartennutzer nur mit Mühe zu erreichen – lag 70 cm tiefer eine kleine Rasenfläche, die zudem aufgrund eines Kellerlichtschachtes schräg ausgebildet war. Eine geböschte Pflanzfläche hinter der Terrasse von 1 m Breite, mit bodendeckendem Cotoneaster begrünt, machte das Ganze »perfekt«. Dieser Garten wirkte so unattraktiv und war so schlecht nutzbar, dass er fast zur Entscheidung gegen das Haus geführt hätte.

Allerdings gab es auch positive Aspekte zu berücksichtigen. Über den hinter dem Grundstück angrenzenden, hangig abfallenden Obstgarten schweift der Blick in die Ferne. Zudem versprach die Ausrichtung nach Westen lange romantische Sonnenuntergänge. Auch schienen die Nachbarn rechts und links sehr nett zu sein, was in einer so beengten Situation ein wichtiges Argument sein kann. Beim ersten gemeinsamen Beratungstermin vor Ort und nach der Präsentation einiger möglicher skizzenhafter Lösungen für den Garten wurde deutlich, dass eine den Wünschen entsprechende Neuanlage möglich ist und das Haus samt Grundstück wurde gekauft.

Oben: **Von der großzügigen Holzterrasse aus kann man den Blick in die Landschaft genießen. Kleine, im Holz versenkte Leuchten sorgen abends für Stimmung.**

Nach dem Aufmaß wurden die Wünsche an den Garten zusammengestellt. Er sollte eine großzügige Terrasse erhalten, die genügend Platz für einen Tisch mit 6–8 Sitzplätzen bietet und zu geselligen Abenden einlädt. Außerdem wünschten sich die Bauherren einen vor neugierigen Blicken geschützten Platz zum Sonnen und eine gemütliche Ecke zum Lesen und Malen. Zudem wäre Wasser im Garten in Form eines Brunnens oder Teiches eine schöne Bereicherung. Der Garten sollte unbedingt eine harmonische Einheit mit den angrenzenden Wohnräumen bilden. Das verlegte Parkett und die von der Bauherrin geliebten Farbtöne Terracotta, Zimt und Curry sollten im Freiraum wieder aufgenommen werden.

Oben links: **Die Holztreppe führt zum tieferen Gartenniveau, ist aber auch ein beliebter Sitzplatz bei Gartenfesten. Die Geländer bieten Platz für Kerzen und Gläser.**

Oben rechts: **Der kleine Gartenhof aus Kies lädt zum Verweilen ein. Das Wasserbecken ist ein interessanter Blickpunkt.**

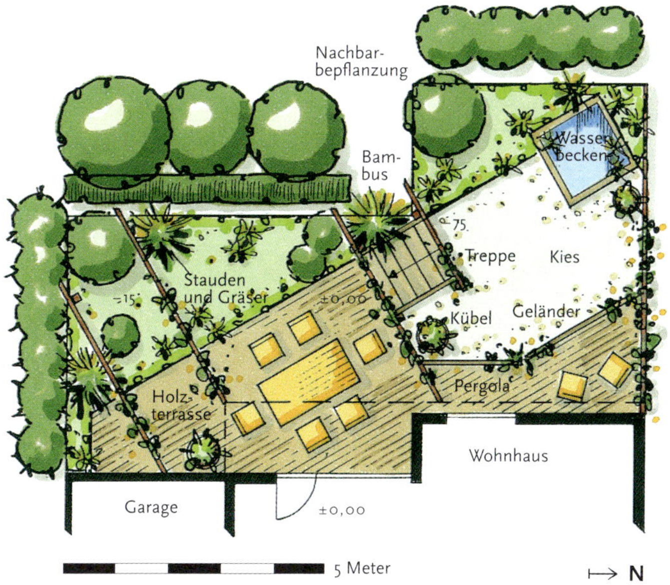

Die diagonal angeordnete Holzterrasse mit der Holztreppe betont die größte Länge des Gartens, an dessen Ende das Wasserbecken liegt. Der Blick in die freie Landschaft dahinter lässt den Garten großzügiger erscheinen. Die kleine Sitznische am Haus bietet Platz für gemütliche Abende zu zweit und dient vom Hof aus als Ablagefläche für Gartenutensilien. Die berankten Pergola-Balken verbinden die Pflanzflächen mit der Terrasse.

Die Pflanzen sollten alle Sinne ansprechen: schöne Blüten und Blatttexturen fürs Auge, duftende Blüten für die Nase, aromatische Kräuter und Gewürzpflanzen für den Gaumen, im Wind leise wispernde Blätter für die Ohren. Darüber hinaus sollte der Garten von Januar bis Dezember attraktive Blickpunkte besitzen, ein immergrünes Grundgerüst erhalten und abends dekorativ ausgeleuchtet werden können.

Großes grünes Zimmer auf 2 Ebenen

Dieser kleine Gartenraum sollte kurz gesagt einen idyllischen grünen Rahmen bilden, in dem man sich sowohl erholen und zurückziehen als auch mit vielen Freunden ausgedehnte Sommer-Partys feiern kann. Da beide Bauherren beruflich stark engagiert sind, sollte er möglichst pflegearm sein.

Bei der Anlage des Gartens wurde zuerst ein kleiner Teil der vorhandenen Betonplatte abgestemmt, der überschüssige Boden abtransportiert und die Elektrokabel für die spätere Gartenbeleuchtung verlegt. Nach dem Einbau des GFK-Beckens für die Wasserfläche und der Tragschicht für die spätere Kiesfläche erfolgten die umfangreichen Holzarbeiten. Als Holzart wurde hier Bangkirai ausgewählt, da es sehr ebenmäßig und langlebig ist und keine regelmäßigen Schutzanstriche benötigt. Im Zuge der Bauarbeiten ergab sich im Gespräch mit den Nachbarn, dass die Scheinzypressen entfernt, ein Sichtschutzzaun zwischen beiden Gärten gesetzt und auch der Nachbargarten umgestaltet werden sollte. So konnte ein zu beiden Gärten passender Übergang geschaffen werden. Zum Schluss wurden die Pflanzen geliefert, ausgelegt und eingepflanzt.

Heute bildet die Holzterrasse einen ebenen und harmonischen Übergang zum Parkett des Wohnzimmers und bietet, leicht diagonal verschoben, den zentralen Sitzplatz mit einem runden Tisch und sechs bequemen Holzstühlen. Am Haus entlang, geschützt durch den überhängenden Dachüberstand, führt ein ca. 1 m breiter Holzsteg zu einer kleinen Sitznische. Zwei Liegestühle laden zum Lesen, Reden oder einfach zum Träumen ein. Von hier aus kann man mit dem Blick in die untergehende Sonne den Tag Revue passieren lassen und zur Ruhe kommen.

Fünf Stufen führen zu einem kleinen Kieshof, der sowohl Platz für die Wäschespinne als auch für eine Hängematte bietet. Die Kiesfläche erstreckt sich auch unter dem Holzsteg bis ans Haus und lässt diesen Bereich dadurch großzügiger erscheinen. Um den Garten nach oben zu fassen, verbinden einige ebenfalls diagonal verlaufende Rankbalken die Gartenzonen miteinander.

Oben: **Das obere Beet ist dicht mit gelben und orangeroten Stauden wie Nelkenwurz, Taglilien und Frauenmantel bepflanzt. Hier hat Unkraut keine Chance.**

Links: **Von der Seite aus gesehen wirkt der Garten fast wie eine großzügige Dachterrasse. Sie kann Platz für eine Tafel für bis zu zwölf Personen bieten.**

Links: Das Wasserbecken ist für Mensch und Tier ein Anziehungspunkt im Garten. Kaum war es angelegt, stellten sich schon die ersten Libellen ein.

Das Wasserbecken,

das zum Teil in die Kiesfläche hineinragt, spiegelt die Sonne und beheimatet eine Stichlings-Familie. Außerdem finden sich hier viele Vögel gern zum Trinken und Baden ein. Sowohl für sie als auch zum Schutz für Kleinsäuger wurde extra eine seichte Flachwasserzone eingerichtet. Ein solches Wasserbecken, auch wenn es nur flach ist, wird ansonsten schnell zur tödlichen Falle für kleine Tiere.

Unten: Ein schönes Detail: im Kies entdeckt der aufmerksame Betrachter orangefarbene Glasnuggets, die abends das Licht der kleinen Strahler spiegeln.

Dem Pflanzkonzept

liegt ein Farbspektrum von Gelb über Orange, Orangerot bis hin zu Braun sowie die Verwendung von linearen Blattformen zu Grunde. Das Gerüst bilden der immergrüne Bambus *(Phyllostachys aurea)*, das im Winter gelb werdende Zebraschilf (*Miscanthus sinensis* 'Strictus'), eine Gold-Ulme *(Ulmus × hollandica* 'Wredei') und die zum Teil üppig rankenden Klet-terpflanzen, wie die Klettertrompete *(Campsis × tagliabuana* 'Mme. Galen'), Gold-Waldrebe *(Clematis tangutica)* und verschiedene Efeu-Sorten.

Ergänzt werden sie durch orange blühende Taglilien *(Hemerocallis fulva)*, Nelkenwurz *(Geum borisii)*, Wolfsmilch *(Euphorbia griffithii)*, Fackellilie *(Kniphofia praecox)* und gelb blühende Zwiebelpflanzen wie Akelei *(Aquilegia chrysantha)* sowie Eisenhut *(Aconitum lamarckii)*. Frauenmantel *(Alchemilla mollis)* und Golderdbeere *(Waldsteinia ternata)* bedecken den Boden; Winterlinge, Tulpen, Kaiserkronen und Osterglocken läuten den Frühling ein.

Der Garten erfüllt

heute nicht nur sämtliche an ihn gestellten Anforderungen und ist eine lieb gewonnene Erweiterung des Wohnraums, sondern hatte sogar noch einen praktischen Zusatznutzen: Der Marktwert der Immobilie wurde durch ihn deutlich gesteigert.

Die Fakten

Gartengröße	60 m²
Höhendifferenzen	max. 80 cm
Planung	Frühjahr/Sommer 1998
Bauzeit	Herbst/Winter 1998
Materialien	Bangkirai-Holz, Kies
Ausführung	Stefan Schmidt, Gartengestaltung, Köln

Ein mediterraner Garten

Oft werden beim Bau eines neuen Hauses alle Anstrengungen und Überlegungen ausschließlich auf das Haus, auf seine Raumaufteilung und die Architektur konzentriert. Der Garten spielt zu diesem Zeitpunkt häufig eine eher untergeordnete Rolle. Obwohl auch bei diesem Projekt die Gartenplanung zunächst ein wenig vernachlässigt wurde, war dem Bauherrn schon bald eine Verknüpfung von innen und außen wichtig. So entstand ein verwinkeltes Haus, das mit zwei einladenden, innenhofartigen Terrassen verwoben schien.

Niedrige Mauern schirmten diese vom hinteren Gartenbereich ab, der zu Planungsbeginn aus einer zu den Nachbargärten hin angeböschten Rasenfläche bestand, umgeben von dicht berankten Zäunen und Mauern. Einige schlanke und hohe Scheinzypressen, eine ausladende, aber mit *Monilia* (eine Pilzkrankheit) befallene Süßkirsche und ein Schatten spendender Trompetenbaum *(Catalpa bignonioides)* ergänzten das Gesamtbild.

Links: **Zwei Mal die gleiche Gartensituation: oben vor dem Umbau im Sommer und unten während der Baumaßnahme im Winter.**

Die strenge und verwinkelte Architektur bestimmt die Grundstruktur des Gartens. Die Wasserachse bildet die logische Verlängerung der Hausachse.

Eine Besonderheit stellt die Blickachse dar, die schon beim Betreten des Hauses das Augenmerk durch Ess- und Wohnzimmer zu einem Glaserker mit bodentiefen Fenstern hinaus in den Garten lenkt. Am Ende der Achse waren einige Töpfe und Leuchten als Blickfang angeordnet. Die Erdgeschoss-Ebene des Hauses wird von einem großzügigen, modern eingerichteten Raum bestimmt, dessen Boden mit weißem Marmor belegt ist. Vom Eingangsniveau mit Empfang, Küche und Essbereich gelangt man über drei Stufen zu dem abgesenkten Wohn- und Kaminzimmer. Der Ausbau der oberen Wohnetage und die Ergänzung des Hauses mit einem an die Küche angegliederten Wintergarten beeinträchtigten den Garten zusätzlich und gaben letztendlich den auslösenden Moment für seine Umgestaltung.

Der neue Garten sollte den klar strukturierten, modernen und wohnlichen Innenräumen entsprechen und durch strenge geometrische Formen eine Einheit mit dem Haus bilden. Mehrere Sitzplätze und Gartenwege, die zu einem Rundgang durch den Garten einladen, waren ebenso erwünscht wie eine möglichst großzügige Rasenfläche, die Platz zum Federball- und Boulespielen bietet. Einen besonderen Schwerpunkt bei der Neugestaltung sollte das Element Wasser bilden. Dabei wurde sowohl eine ruhige, zum Sitzen einladende Wasserfläche als auch ein den Garten belebender Bachlauf oder plätschernder Brunnen in Erwägung gezogen.

Die Atmosphäre des Gartens sollte von modernen und mediterranen Elementen geprägt sein und ein harmonisches Miteinander bilden. Da die Familie die Sommermonate – wenn irgend möglich – im Süden verbringt, standen vor allem der Frühling, der Herbst und der Winter bei der Zusammenstellung der Pflanzen im Vordergrund. Eine interessante, nicht zu bunte, aber spannungsvolle Bepflanzung mit Frühjahrsblühern, Blattschmuckstauden und Buchsbaumkugeln, spät blühenden Hortensien und bunt färbenden Sträuchern sollte den Garten vervollständigen.

Oben: **Die grünen Skulpturen der Buchsbaumquader verbinden die Terrassenflächen miteinander. Duftende Thymianinseln beleben das Gesamtbild.**

Die Planung erfolgte in drei Phasen und benötigte auf Grund der sich zwischenzeitlich noch ändernden Gebäudeplanung etwas länger als üblich. Die Materialien sollten harmonisch zusammenpassen und dabei lebendig, aber nicht zu unruhig wirken. Ausgewählt wurden ein Klinker für die Mauern, Granit für die Wege, Bangkirai, ein tropisches Hartholz, für die Terrasse am Wasserbecken und Edelstahl für Einzeldetails wie Schwallbleche, Rankgerüst und Gartenleuchten.

Einheit zwischen Haus und Garten

Der geradlinige Garten lebt von seinen Achsen und Sichtbeziehungen und profitiert von den bestehenden Höhendifferenzen. Schon ein oder zwei Stufen nach oben oder unten geben dem Besucher ein deutlicheres Gefühl für die Unterschiedlichkeit der Räume.

Die Wege und Sitzflächen bilden das Grundgerüst des Gartens. Sie ermöglichen auch nach einem starken Sommerregen einen Spaziergang, ohne dass man sich beim Queren des Rasens nasse Füße holt. Jede Terrasse und Sitzecke hat ihren eigenen Reiz. Die große, von zwei vorhandenen, schirmförmig geschnittenen Platanen beschattete Terrasse vor dem Esszimmer ist der Platz für gesellige Sommerabende mit Familie und Freunden. Außerdem wirkt sie selbst im Winter einladend und stimmungsvoll, wenn sie mit Adventlichtern und einer weihnachtlichen Lichterkette dekoriert ist. Durch das Abreißen der Balustrade und das Setzen von drei breiten, großzügigen Stufen bilden die Terrasse und der angrenzende Gartenbereich eine Einheit. Geschnittene Buchsbaumwürfel, wie zufällig über die Treppenstufen und auf dem Rasen verteilt, bilden grüne Skulpturen und verbinden optisch das obere und das untere Niveau.

Im unteren Bereich der Terrasse sind plattengroße quadratische Flächen mit dichten Thymianteppichen bewachsen. Ihr aromatischer Duft zieht im Sommer durch das ganze Haus. Das schmale Beet zwischen dem Rasen und der Nachbarhecke wurde mit verschiedenen Bartiris-Sorten bepflanzt, die in sieben unterschiedlichen Blautönen blühen und ein faszinierendes Blütenband ergeben. Nach der Blüte wirken ihre schwertförmigen Blätter als deutlicher Kontrast zu den spät austreibenden, grazilen und bis zum Frost weiß und zartrosa blühenden Prachtkerzen *(Gaura lindheimeri)*.

Eine parallel zum Haus verlaufende Buchsbaum-Hecke trennt die Rasenfläche vom Schattensitzplatz. Sie gibt dem Garten auch im Winter eine klare Struktur und bildet den immergrünen Rahmen für Stauden und Blumenzwiebeln. Der Schattensitzplatz ist umstanden von Farnen, weich überhängenden Gräsern und einer dicht geschlossenen Fläche aus Walderdbeeren. Hier ist Naschen nicht nur erlaubt, sondern gewünscht!

Rechts: An der Mauer im Hintergrund beginnt die Kaskade der Wasserachse. Das Wasser strömt in das symmetrische Becken und wird dort wieder angesaugt.

nutzt wird. Hier ist man für sich und kann vom Haus aus kaum gesehen werden. Der geradlinige Weg, der zum neuen Wintergarten führt, wird von schlanken Zypressen *(Cupressus sempervirens* 'Stricta') flankiert. Sie betonen zusammen mit der Staudenpflanzung aus Lavendel *(Lavandula angustifolia* 'Hidcote Blue'), Ziersalbei *(Salvia nemorosa* 'Ostfriesland') und Eisenkraut *(Verbena bonariensis)* das mediterrane Flair des Gartens. Diese Pflanzen sind im milden Kölner Klima weitestgehend winterfest, für kältere Regionen aber nicht immer geeignet. Im Winter sollten sie zusammengebunden werden, damit sie nicht unter der Schneelast leiden.

Die liebevoll ausgewählten Ausstattungen wie die Terracotta-Kugeln, die in Kübeln stehenden Zitronen, Lorbeer-, Oliven- und Orangenbäumchen, die im Wintergarten »überwintern«, und die passende Möblierung geben dem Ganzen den letzten Schliff und machen den Garten heute zu einem beliebten Aufenthaltsort für die ganze Familie.

Eine Wasserachse

nimmt die Blickachse des Hauses im Garten auf. Aus einem gemauerten Brunnen quillt Wasser und fließt über einzelne Kaskaden in das rechteckige Wasserbecken. Durch die detaillierte Planung und sorgfältiges Arbeiten ist die Eindichtung der Wasserflächen optisch nicht sichtbar. Die Anschlüsse werden durch die Schattenkante der Klinkerrollschicht verdeckt. Die Bepflanzung im Wasser ist auf einige wenige Seerosen im stilleren Wasserbecken beschränkt worden. Eine indirekte Beleuchtung betont im Dunkeln die Achse und macht sie so zu einem interessanten und stimmungsvollen Blickpunkt. Und das Holzdeck am Wasser lädt nicht nur die hauseigene Katze zum Dösen in der Sonne ein.

Auf Trittsteinen überquert man das Wasser und gelangt zu einem mit hohen Mauern umgebenen Sitz- und Grillplatz, der vor allem von den Kindern gern ge-

Oben links: **Noch führt der Weg zum Wintergarten ins Leere und wirkt zwischen den Mauerschluchten wenig attraktiv und einladend.**

Oben rechts: **Ein gutes Jahr später ist der gleiche Weg ein gern genutzter Pfad in den Garten und ein schöner Blick vom Esstisch im Wintergarten.**

Die Fakten

Gartengröße	340 m²
Höhendifferenzen	max. 60 cm
Planung	Frühjahr 1999 bis Sommer 2001
Bauzeit	Winter/Frühjahr 2001/2002
Materialien	Granit, Mauerziegel, Kies, Bangkirai-Holz
Ausführung	Uwe Hoffmann, Garten- und Landschaftsbau, Viersen

Adressen

Garten- und Landschafts-architekten

Bund Deutscher Land-
schaftsarchitekten (BDLA)
Bundesgeschäftsstelle
Köpenicker Str. 48/49
10179 Berlin
Tel.: 030/2787150
Fax: 030/27871555
www.bdla.de

BDLA
Landesgruppe
Baden-Württemberg
Gaisburgstr. 12b
70182 Stuttgart
Tel.: 0711/240792
Fax: 0711/241139
www.bw.bdla.de

BDLA
Landesverband Bayern e.V.
Ganzenmüllerstr. 2
85354 Freising
Tel.: 08161/149400
Fax: 08161/149401
www.bayern.bdla.de

BDLA
Landesgruppe Berlin/
Brandenburg
Greifenhagener Str. 39
10437 Berlin
Tel.: 030/44718831
Fax: 030/44718832
www.bdla-bb.bdla.de

BDLA
Landesverband Hamburg
e.V., c/o Bielfeldt + Berg
Landschaftsplanung
Virchowstr. 18
22767 Hamburg
Tel.: 040/3893939
Fax: 040/3893900
www.hh.bdla.de

BDLA
Landesgruppe Hessen e.V.
Birkenwaldstr. 191
70191 Stuttgart
Tel.: 0711/2537433
Fax: 0711/2537434
www.hessen.bdla.de

BDLA
Landesgruppe
Mecklenburg-Vorpommern
Markt 12, 17489 Greifswald
Tel.: 03834/898366
Fax: 03834/898384

BDLA
Landesgruppe Nieder-
sachsen und Bremen e.V.
Braunstr. 6a
30169 Hannover
Tel.: 0511/345689
Fax: 0511/3360405
www.bdlanb.bdla.de

BDLA
Landesgruppe
Nordrhein-Westfalen e.V.
Scheifeshütte 15
47906 Kempen
Tel.: 02152/148490
Fax: 02152/148492
www.bdlanw.bdla.de

BDLA
Landesgruppe
Rheinland-Pfalz/
Saarland e.V.
Mühlenstr. 80, 54296 Trier
Tel.: 0651/9104217
Fax: 0651/9104230
www.rps.bdla.de

BDLA
Landesgruppe Sachsen
Sudetenstr. 15
01279 Dresden
Tel.: 0351/3102628
www.sachsen.bdla.de

BDLA
Landesgruppe
Sachsen-Anhalt
Ernst-Grube-Str. 1
06120 Halle/Saale
Tel.: 0345/555810
Fax: 0345/5558130
www.lsa.bdla.de

BDLA
Landesverband
Schleswig-Holstein
Johannesstr. 28d
25335 Elmshorn
Tel.: 04121/2624986
Fax: 04121/268847
www.sh.bdla.de

BDLA
Landesgruppe Thüringen
Schubertstr. 6
99423 Weimar
Tel.: 03643/400446
Fax: 03643/400447
www.bdla-thuer.de

Sonstige Adressen

Bundesverband Garten-,
Landschafts- und Sport-
platzbau e.V. (BGL)
Alexander-von-Humboldt-
Str. 4
53604 Bad Honnef
Tel.: 02224/77070
Fax: 02224/770777
www.galabau.de

Zentralverband
Gartenbau e.V.
Godesberger Allee 142–148
53175 Bonn
Tel.: 0228/810020
Fax: 0228/8100248
www.g-net.de/zvg

Bund Deutscher
Baumschulen (BdB)
Bismarckstr. 49
25421 Pinneberg
Tel.: 04101/20590
Fax: 04101/205931
www.bund-deutscher-
baumschulen.de

Verein Deutscher
Rosenfreunde e.V. (VDR)
Waldseestr. 14
76530 Baden-Baden
Tel.: 07221/31302
Fax: 07221/38337
www.rosenfreunde.de

Bund Deutscher
Staudengärtner
Godesberger Allee 142–148
53175 Bonn
Tel.: 0228/8100255
Fax: 0228/8100248
www.stauden.de

Perenne e.V.
Verein für Staudenzüchtung
und Sortimentsentwicklung
Leonorenstr. 53
12247 Berlin
Tel.: 030/7710161
Fax: 030/7719596
www.perenne.de

Landwirtschaftskammer
Rheinland
Untersuchungszentrum
Bonn-Roleber
LUFA/Labordiagnostik TGD
Siebengebirgsstr. 200
53229 Bonn-Roleber
Tel.: 0228/4342220
Fax: 0228/4342202
www.
landwirtschaftskammer.de
www.lufa-nord-west.de

Deutsche Gesellschaft
für Gartenkunst und
Landschaftskultur (DGGL)
Wartburgstr. 42
10823 Berlin
Tel.: 030/7881125
Fax: 030/7874337
www.dggl.org

Gesellschaft zur Förderung
der Gartenkultur e.V.
Rothenbaumchaussee 175
20149 Hamburg
Tel.: 040/459033
Fax: 040/443762
www.gartengesellschaft.de

Deutscher Naturwerkstein-
Verband e.V. (DNV)
Sanderstr. 4
97070 Würzburg
Tel.: 0931/12061
Fax: 0931/14549
www.natursteinverband.de

Deutsche Gesellschaft für
Holzforschung e.V. (DGfH)
Bayerstr. 57–59
80335 München
Tel.: 089/5161700
Fax: 089/531657
www.dgfh.de

Bundesverband
Deutsche Beton- und
Fertigteilindustrie e.V.
Schlossallee 10
53179 Bonn
Tel.: 0228/954560
Fax: 0228/9545690
www.betoninfo.de

Fachvereinigung
Betriebs- und Regen-
wassernutzung e.V.
Havelstr. 7a
64295 Darmstadt
Tel.: 06151/339257
Fax: 06151/339258
www.fbr.de

Schaugärten

Brückenkopf-Park Jülich
Gesellschaft für Kultur und
Marketing mbH
Rurauenstr. 11
52428 Jülich
Tel.: 02461/97950
Fax: 02461/979522
www.brueckenkopf-park.de

Schlossgärten Arcen
Lingsforterweg 26
5944 BE Arcen
Niederlande
Tel.: 0031/77/4736020
Fax: 0031/77/4732501
www.kasteeltuinen.nl

Gartenarchitekturpark
Makeblijde
Postbus 460
3990 GG Houten
Niederlande
Tel.: 0031/30/6365272
Fax: 0031/30/6365279
www.makeblijde.nl

Jan Boomkamp Gardens
Hesselerweg 9
7623 AC Borne
Niederlande
Tel.: 0031/74/2664181
Fax: 0031/74/2667995
www.boomkamp.com

Stichwortverzeichnis

Zahlen mit * verweisen auf Abbildungen

Bildnachweis

Borstell: 2/3, 5, 6, 7, 19u, 22, 27m, 30, 310, 31u, 34, 35u, 350, 370, 400, 41, 450, 47u, 47m, 47o, 57, 58, 63, 67o, 71, 75u, 78, 800, 80m, 80u, 82, 85u, 88, 89u, 890, 93, 97l, 970, 97r, 97u, 114, 117, 118
Borstell/Rhulenhof: 127u, 128l, 128r, 129l, 1300, 130u
Böswirth & Thinschmidt: 108, 110u, 110l, 110r, 111ml, 111mr, 111ur, 1120, 1130
Brand: 90, 11u, 250, 32, 33m, 38, 44, 480, 61, 720, 72m, 81u, 830, 850, 920
Gardena: 1030
Hoppe: 14, 150
medienfabrik Gütersloh / »Garten-magazin Eden« / »Gärtner von Eden«: 104, 106
Morell: 29u, 1050
Papouschek & Thinschmidt: 130, 67u, 70, 1100
Pforr: 92u
Redeleit: 9u, 110, 35m, 45ur, 59, 83u, 100, 112u
Reinhard: 37u, 113u
Röde: 9m, 13u, 21, 39u, 40u, 49u, 62, 73u, 109, 116, 119, 120u, 1230, 129r, 135u, 1360, 136u, 139l
Rogers: 12, 190, 23, 25u, 27u, 270, 290, 330, 33u, 37ml, 37mr, 390, 45u, 45m, 45ul, 48u, 490, 56, 60, 64, 65u, 650, 66, 680, 68u, 690, 69r, 72u, 730, 74u, 750, 750, 79, 810, 84, 96, 103u, 105u, 107, 120r, 121l, 121r, 1220, 122u, 123u, 125, 126, 1270, 131l, 131r, 132, 133l, 133r, 134u, 1340, 1350, 137, 138, 139r
Strauß: 115

Grafiken: Sylvia Bespaluk (Seite 51, 52, 55, 77, 87, 91, 95); Birgit Houben (alle anderen)

Bibliographische Information der Deutschen Bibliothek

Die Deutsche Bibliothek verzeichnet diese Publikation in der Deutschen Nationalbibliographie; detaillierte bibliographische Daten sind im Internet über http://dnb.ddb.de abrufbar.

BLV Buchverlag GmbH & Co. KG
80797 München

Umschlaggestaltung: Anja Masuch, Puchheim b. München
Umschlagfotos: Vorder- und Rückseite: Bornemann (Busch und Baum mit freundlicher Genehmigung der Firma »www.holztiger-shop.de«)
Vordere Umschlagklappe: Grafik oben: Birgit Houben, unten: Böswirth & Thinschmidt.
Hintere Umschlagklappe: oben: Rogers, unten: Borstell.

Lektoratsleitung: Wilhelm Eisenreich
Lektorat: Dr. Thomas Hagen
Herstellung: Ruth Bost
Layoutkonzept Innenteil: fuchs_design, Riemerling; Parzhuber & Partner, München
Layout und Satz: Uhl + Massopust, Aalen

Gedruckt auf chlorfrei gebleichtem Papier

Printed in Germany

ISBN 3-405-16760-4

Dank

an alle, die mich bei der Arbeit an diesem Buch unterstützt haben: meinen Garten-Bauherren für ihren Pflegeeinsatz und die keineswegs übliche Erlaubnis, ihren Garten zu publizieren, Gartenfotograf Gary Rogers für seine Einsatzfreude und die erstklassigen Gartendokumentationen trotz kurzfristiger Termine und meinem Lektor Dr. Thomas Hagen für mehr als ein Jahr mit Rat, Tat und Geduld.

Ein herzliches Dankeschön an Birgit Houben, die die Entstehung des Buches von Anfang an mit großem Einsatz begleitete und die zahlreichen, hier gezeigten Gartenpläne gezeichnet hat.
Mein besonderer Dank gilt meinem besten Freund, Partner und Kollegen Axel Schütze. Ohne seine Unterstützung, seinen fachlichen Rat und die vielen motivierenden Diskussionen wäre das Buch nicht das, was es geworden ist.

Brigitte Röde, Frühjahr 2005